農業新時代

ネクストファーマーズの挑戦

川内イオ

文春新書

1236

はじめに

「僕は農業って最高だと思ってますよ」

2018年5月、「NewsPicks」という経済メディアの取材で、杉山ナッツのオーナー、杉山孝尚を訪ねた。その時、彼がなにげなく言ったこの言葉が、日本全国、新時代の農業を担う人々を巡る旅のきっかけとなった。

詳しくは第一章で述べるが、杉山は、世界4大会計事務所のひとつ、KPMGのニューヨークオフィスで働くエリートだった。しかし、あることがきっかけで30歳の時、故郷の浜松に戻って落花生の在来種「遠州小落花」の栽培を始めた。それまで農業に縁がなかった彼が頼ったのは、書籍とグーグルとYouTubeだった。まったくの独学で、無農薬、無化学肥料で落花生を育て、加工し、それをひと瓶1000円以上するピーナッツバター「杉山ナッツ」として売り始めたのが2015年。それから4年たったいま、2万個を生産し、すべてを売り切るまでに成長させた。

栽培方法から加工、営業、販売まで、杉山の話はアイデアと工夫のオンパレードで、話を聞きながら、何度、驚きの声を上げたかわからない。杉山の取り組みはビジネスとしても高く評価され、磐田信用金庫が主催したビジネスコンテストで優勝している。ビジネス全般を対象としたこのコンテストで、農家が優勝したのは初めてだったそうだ。杉山は優勝賞金を使って、早稲田大学のビジネススクールで経営を学んだ。

従来の「農業」の常識にとらわれない杉山は、農業経験のないスタッフからの提案もどんどん取り入れる。最高のピーナッツバターをつくり上げるための試行錯誤、その過程や変化が楽しくて仕方がないという。だから、「農業は最高」なのだ。

「5K」に当てはまらない?

あらかじめいうと、僕は農業の門外漢である。普段は「稀人ハンター」という肩書で、ジャンルを問わず、「規格外の稀な人」を追いかけて、取材やイベントをしている。僕の大事な仕事のひとつが「稀な人を発掘すること」で、ある時、「浜松に面白い人がいる」という情報を得て、杉山に会いに行ったのだ。

正直に告白すれば、杉山と出会うまで、仕事のジャンルとしての「農業」に、いいイメージがなかった。農業に詳しくなくても、高齢化と後継者不足で耕作放棄地が増えていることや、環太平洋パートナーシップ協定(TPP)に代表される輸入自由化で安い海外産品が入ってきて、日本の生産者が逆風に晒されていることは知っていた。台風や大雨、日照りなどの天候に左右され、長い休みも取れないハードな仕事でありながら、それに見合う稼ぎや充足感が得られているのかも疑問だった。もしやりがいのある仕事なら、後を継ぎたい人が列をなしているはずだ。

こういったマイナスイメージがきれいさっぱり払拭されたわけではないが、杉山の話を聞いて、「あれ、なんだか農業って楽しそうだな」と思ったのは事実。同時に、仕事として、ビジネスとしてのポテンシャルも感じた。少し調べてもらえれば出てくることだが、近年、農業はきつい、汚い、危険の3Kに、稼げない、結婚できない、を加えた「5K」の職業と言われている。しかし、少なくとも杉山は「5K」に当てはまらないように思える。むしろ、彼の働き方や生き方を見れば、憧れたり、うらやましく思う人も少なくないのではないか？（僕もそのひとりだ）

はた目には、閉塞感に満ちているように感じる農業の分野にも、杉山のように独自の発想や取り組みで風穴を開けている人物がいるのかもしれない。農業のイメージを変えるその姿は、いまの仕事や暮らしがしっくりこない人にとって、なにか刺激やヒントになるかもしれない。にわかに農業への関心が高まった僕は、各地を訪ね歩いた。杉山を含めた農業界を革新する10人が登場する本書は、その記録だ。

危機的な綱渡り

本編に入る前に、日本の農業の現状について記したい。農業は日本の食卓を支える重要な役割を担っているのに、現状がどうなっていて、なにが課題で、どんな動きがあるのか、農業関係者以外で詳しい人はそう多くないだろう。調べてみて、驚いた。一言でいうと、危機的だ。

農業就業人口は2000年の389万1000人から18年には175万3000人と半減。このうち65歳以上の高齢者が120万人で、平均年齢も2000年の61・1歳から、18年には66・8歳に上昇している。企業人なら定年退職して、のんびり暮らしているような世代の人たちが、日本の農業界の主力選手として暑い日も、寒い日も、雨の日も、風の日も、農作業に勤しんでいるのだ。

稼ぎも、少ない。15年のデータだが、家族経営の農家における1時間当たりの所得、簡単にいうと、時給はたったの722円。ちなみに、19年の時点で農業経営体数は118万8800、そのうち家族経営は115万2800にのぼる。19年8月、企業が支払う最低賃金の改定額が答申されたが、最も金額が低かった鹿児島など15県が提示した金額は790円。97%弱の家族経営の農業生産者が、最低賃金以下の時給で働いているのだ。生産者の所得も、どんどん低くなっている。95年に891万7000円だった農家総所得（農業収入と農業外収入を足したもの）は、17年に526万円になっている。これはひとり当たりの金額ではなく、「一経営体」の所得である。

もう少し詳しく見てみよう。農業全体の産出額のピークだった1990年（11・5兆円）と17年（9兆2742億円）の内訳を見ると、畜産だけは3・1兆円から3・3兆円に増加している。顕著に減少しているのは米、野菜、果実。90年の6・8兆円から、17年には5兆円に落ち込んでいる。

当然ながら農作物の作付面積や生産量も減少の一途をたどっているが、より深刻なのは90年からほぼ倍増した耕作放棄地。その面積は42万3000ヘクタール（15年のデータ）にのぼり、滋賀県の面積と匹敵する。

過酷な労働、明らかな低収入のまま働き続けてきた生産者が高齢になり、疲弊。その姿を見てきた息子、娘はバトンを受け取らない。どうしようもないから、農地を放置する。

当然のように、生産高も落ちる。その結果、18年度の日本の食料自給率は37%（カロリーベースによる試算）で、過去最低を記録した。これがいま、日本全国で起きていることだ。

国も、手をこまねいていたわけではない。農業者の経営環境整備や農業の構造的問題解決を目指して、改正農地法（09年、16年）や農業競争力強化支援法（17年）などが施行された。これによって硬直している農業を効率化し、生産性を高めようというもので、規制緩和を含む既存のシステムの再編、農業の大規模化や企業参入が行われた。しかし、活性化の起爆剤になるような効果は出ていない。

企業参入については09年に実施された農地のリース方式による参入の全面自由化によって、それ以前より5倍のペースで企業の参入が増加し、17年末の時点で3030法人となっている。しかし、農業は栽培を始めてから収穫まで時間がかかる上に、天候など不確定要素が多いため、企業の論理やノウハウだけで順調に売り上げを伸ばせるものではない。

例えば、LEDなどを使った「人工光型植物工場」は、09年に農林水産省と経済産業省が150億円の補助金をつけたのをきっかけに異業種からの参入が相次ぎ、11年の64カ所から7年で183カ所にまで伸びた。しかし、日本施設園芸協会の調査では、このうち黒字化しているのはわずか17％。人件費や光熱水費がネックになっているとみられ、撤退する企業も少なくない。露地栽培も同様で、農業に参入した企業のうち黒字化している企業は少ないと予想される。

大規模化については、農地の集積、集約化を目指して２０１４年、各都道府県に農地の中間的受皿である農地中間管理機構が整備され、機構が借り入れ、転貸しする事業が行われている。初年度の２・４万ヘクタールから２０１８年度には累計22・２万ヘクタールにまで伸ばしており、一定の成果を上げているが、北海道を別にすると、そもそも日本は中山間地域が農地面積や農業生産額の４割を占めており、アメリカ式の大規模化と農作業の効率化が難しいと言われる。２０１９年７月に農林水産省が公表したデータでは、10ヘクタール以上、20ヘクタール以上、30ヘクタール以上の耕地を持つ大規模経営体の耕地面積がそれぞれ前年比で減少しており、こちらも陰りが見える。

この状況で、18年12月30日、アメリカを除いた11カ国による環太平洋パートナーシップ協定（ＴＰＰ）、19年２月にはＥＵとの経済連携協定（ＥＰＡ）が発効した。ＴＰＰでは、農林水産物の関税が段階的に撤廃、削減され、関税ゼロになる品目は農林水産物の82％、およそ２１００に達する。ＥＰＡも同様で、将来的に農林水産物の82％の関税撤廃、チーズ、豚肉など重要品目の関税も削減された。

ＴＰＰとＥＰＡは、日本の農産物を輸出しやすくなるメリットがある。しかしここまでに記した日本の農業の現状を見ると、輸出によって活性化するよりも、輸入によってさらなる価格競争に晒され、なんとか踏ん張っていた高齢の生産者に致命的なダメージが広がる可能性の方が高いように思える。

未来の種は蒔かれている

日本の農業は、このまま衰退してしまうのか。凋落に歯止めをかけることはできないのか。そのカギを握るのは、杉山ナッツの杉山のような、従来の農業の常識に縛られない斬新な発想ではないだろうか？　前述したように、ノックアウト寸前に見える農業界を鼓舞したいという僕の想いを込めて、本書では、これまでにない取り組みによって農業界に新風を吹き込んでいる10人を取り上げる。どんな人たちなのか、一部を紹介しよう。

「日本の農業はポテンシャルの宝庫ですよ」とほほ笑むのは、一般企業を経て梨園に就職し、５００に及ぶカイゼンの結果、直売率99％を達成した東大卒のマネージャー。

「日本の農家はまじめで世界で一番ぐらいの技術を持っています」と太鼓判を押したのは、度胸と知識と語学力を武器に、世界中の珍しいハーブを仕入れ、日本の名だたるレストランと契約しているハーブハンター。

「誰もやらないなら、僕らでやろうと思ったんですよね」と言ったのは、5500人の生産者と7500軒のレストランをつなぐ物流システムを築いた元金融マン。

「世界の人口が100億を超えても大丈夫な量の作物ができるんよ」と自信を見せるのは、独自に編み出した手法で「日本初の国産バナナ」をつくった男。

ひとりひとりの経営規模や売り上げは、まだ小さいかもしれない。しかし、彼らの大胆な動きと斬新なアイデア、前代未聞の結果は、暗雲垂れ込めている農業界で、ひときわ眩(まぶ)しい。彼らはみな、日本の農業を悲観していない。むしろ、これからもっと面白くなる、俺たちがその火種になってみせようと意気込んでいる。彼らの発想や取り組みは、危機感を抱く農業関係者だけでなく、ビジネスパーソンにとっても刺激とヒントになるはずだ。

彼らの生き方にも、注目してほしい。僕は仕事柄たくさんの起業家やビジネスパーソンに会ってきたが、この本に登場する10人には、目の前の利益を必死で追い、上場を目指して邁進するベンチャー企業のシャープな雰囲気とは違う、ドンと構えるスケールの大きさと温かさを感じた。それはきっと、お天道様のご機嫌次第でいろいろなことが左右される特殊な仕事に携わっているからで、些細なことには動じなくなっているのだろう。

僕は彼らと出会って、日本の農業に希望を見出すようになった。どう考えてもお先真っ暗だと思っていたけど、いま、日本の農業に明るい未来はあるか？　と問われれば、こう答える。その種は、蒔かれている、と。

農業新時代　ネクストファーマーズの挑戦◎目次

第一章　イノベーターたちの登場

「世界一」の落花生で作る究極のピーナッツバター

大手百貨店からニューヨークまで

浜名湖と太平洋に面したビーチが近く、どこか南洋の雰囲気が漂う浜松市西区。その一角に「杉山ナッツ」と手書きの表札がかけられた昔ながらの木造平屋が建っている。約束の時間の5分前、観音開きの扉をノックすると、背後から「どもども！」と声が響いた。振り返ると、杉山ナッツのオーナー、杉山孝尚が小走りで現れた。

「潮干狩りしてました！」とよく日に焼けた顔をほころばせる。穴場を見つけてアサリが山ほど採れたと嬉しそうな杉山に促されて、木造平屋を改装した事務所に入る。もともと祖父母の実家だった建物を譲り受けてリノベーションし、杉山ナッツを立ち上げた2013年から拠点にしている。

事務所の片隅に、2017年11月、磐田信用金庫（現・浜松磐田信用金庫）主催のビジネスコンテストで優勝した際の記念品が置かれていた。過去16回で、農家が受賞するのは初めてのことだった。

「賞金の100万円で、早稲田のビジネススクールに行って経営を学びました。もらったお金は使わないと、と思って（笑）」

落花生畑の杉山氏

世界4大会計事務所のひとつ、KPMGのニューヨーク本社での勤務から落花生農家に転身を決め、全くの未経験で就農して6年。今年37歳を迎える杉山は、無農薬、無添加でつくった落花生を使ったピーナッツバターを作っている。小売りはせず、すべてスーパーなどとの直取引で商品を卸しており、本格的に生産を始めた2015年から毎年完売。2018年につくった2万個も、見事に売り切れた。

地元スーパーでも一瓶1400円弱と値が張る高級品だが、引く手あまた。2017年、大手百貨店・高島屋が展開する高島屋ファームのお歳暮のカタログに初めて掲載され、受け付け開始から1カ月で500セットの注文が入った。この勢いだとほかの店の注文に応じられなくなると、急きょ打ち止めにしてもらったという。2018年11月からは、「食」のセレクトショップ「DEAN&DELUCA」での販売もスタート。都内の3店舗と名古屋、大阪、福岡の計6店舗での販売だったが、その年に卸した分は5カ月で売り切れた。

ピーナッツバターの本場、アメリカにも進出。マンハッタンの2店舗とブルックリンの1店舗に毎月84個を卸しており、一瓶20ドルで販売されている。それだけでなく、ニューヨークの有名ステーキ店でも肉の調味料のひとつとして導入されている。

「僕は農業って最高だと思ってますよ」

力強く語る杉山の歩みは、きわめてユニークなものだ。

4大会計事務所の正社員に

浜松で生まれ育ち、高校時代からダンスに夢中になっていた杉山は、卒業後、プロのダンサーを目指してニューヨークに渡った。

アルバイトで食いつなぎながら、ダンスの腕を磨く日々。CMやオフブロードウェイの舞台にも出演するようになった。しかし、杉山の運命を変えたのはダンスではなかった。

老舗レゲエレーベル「VPレコード」のショップ店員として働いていたある日、社員から「本社で働かないか?」と誘われた。「アーティストに会えるかも!」と軽い気持ちでイエスと答えたら、待っていた仕事はコピーライトの管理。数字を扱う地味なデスクワークだったが、思いのほか高い評価を得た。

「もともと数学は苦手じゃなかったし、仕事もすぐに慣れました。そうしたら、周りはほんとに適当な人ばかりだったから、高校しか出ていなかった僕に『お前は博士か』と聞いてくるレベルだったんですよ(笑)」

職場の人たちは、杉山が高卒だと知ると「近くに大学があるから、もっと勉強してみなよ」とアドバイスをした。その声に背中を押されて、21歳の時、ニューヨーク市立大学のビジネス専門大学バルーク校に入学した。

大学に入ると、自分でも驚くほど勉強にのめり込んだ。特に人やモノとお金の関係に興味を抱き、3年次に会計学を専攻。世界4大会計事務所のひとつ、KPMGでインターンを始めた。

日本でインターンというとお客様扱いでお手伝い程度のイメージがあるけど、アメリカでは誰もお世話などしてくれない。自ら「なにか手伝うことありますか?」とアプローチして、はじめて仕事が与えられる。もちろん、使えないインターンは即サヨウナラ。杉山は、がむしゃらに働いた。フルタイムの社員と同じくらいの仕事をこなし、24時間オープンしている大学の図書館で寝て、朝から大学の授業を受けた。この時、日本人の強みに気づいた。

「なんでもやります精神だったから、仕事以外にもみんなのディナーを注文したりしてましたよ。チームとして働くから、こいつと一緒のチームで働きたいなって思われるのが一番でしょう。そういうとき、日本人のちょっとした気遣いって大事なんです」

卒業したらKPMGで働きたいと思うようになった杉山は、全力で周囲に気を配った。同時に、思いっきり自己主張した。

「大きい会社なんで、基本的にすべて与えられたものを使うんです。でも効率が悪い部分もあって、もっとこうすればいいんじゃないの? という話をよくしていました。自分でエクセルをプログラミングして、使いやすいようにシステムを変えたり。生意気なやつだなと思われていましたけど、それでみんながいい方向にいけばいいと思ってました」

アメリカでは、ビジネスの現場で存在感なき者はそこにいないのと同じ、と聞く。杉山は、よっぽど存在感があったのだろう。2年間のインターンを経て、大学卒業後、晴れてフルタイムの正社員として採用された。

杉山いわく、KPMGの社風は「UP or OUT」。出世するか、会社を去るかの二択しかないシビアな職場で、朝8時半には出社し、深夜の2時、3時に帰るのが杉山の日常だった。繁忙期には、3日間徹夜で仕事をして気絶した。それでも辛くはなかったと言い切る。

「自分はもう限界だから他の人に仕事を振って欲しいと上司に頼めば、それでOKなんです。誰にも強制されていない。僕は自分を追い込んでいくタイプなんですよ。ひとつの山を乗り越えると、最初は1だったレベルが8ぐらいまでジャンプしているのが実感できるじゃないですか。それがやりがいだった」

「頭のいい人はたくさんいるから、能力よりも気持ちの強いやつが最後に勝つ」という世界で、血気盛んだった杉山は戦うように働き、アソシエイトからシニアアソシエイト、マネージャーとステップアップしていった。

「ＥＮＳＨＵ」の衝撃

給料も20代で１０００万円を超え、気づけばエリート街道を歩んでいた杉山に電撃的な転機が訪れたのは、２０１２年夏のことだった。

ある日曜日の朝、全国紙『ウォールストリートジャーナル』を読んでいたら、ピーナッツバターの特集が組まれていた。なにげなく目を通していると、「ＥＮＳＨＵ」という単語が目に留まった。ＥＮＳＨＵとは遠州、すなわち杉山の故郷浜松を含む静岡西部を指す。なぜ俺の故郷が？　と興味を惹かれて記事を読み進めると、そこには１９０４年のセントルイス万博でピーナッツの品評会が開催され、「遠州の落花生が世界一に輝いた」と書かれていた。

記事が遠州に触れたのはほんの数行だったが、無性に胸が熱くなった。会計士になったのはお金の流れを勉強したかったからで、もともと「一生の仕事」とは思っていなかった。むしろアメリカで仕事をしているうちに、「日本のモノづくり」に興味を持つようになり「サービス業ではなく、もっとタンジブルな（実体が感じられる）もので勝負したい」と思い始めた時期だった。

だからだろう。「世界一になった遠州の落花生」の存在を知って、イメージが溢れてきた。これだけ多様な人がいるニューヨークで、どの家庭にもなぜかピーナッツバターがある。アメリカだけでも、ピーナッツバターは莫大な市場なんじゃないか。世界一の落花生でピーナッツバターを作ったら、どうだろう……。

「これは自分がやるべきことじゃないか」

まるで天啓に打たれたようにそう思い至るまでにかかった時間は、わずか数分。目の前の『ウォールストリートジャーナル』は、特集ページが開かれたままだった。

『ウォールストリートジャーナル』の記事を読んでから、杉山の動きは早かった。まず、上司に「故郷でピーナッツバターを作ることにしたから、仕事を辞める」と告げた。上司は啞然としていたという。英語の「Nuts」という単語は、スラングで「クレイジー」という意味もある。もしかすると、「杉山、Nuts……」と呟いたかもしれない。

耕作放棄地で発見

早々に半年後に退職することを決めた杉山は、有休をとって故郷の浜松に戻り、世界一を獲った落花生の在来種「遠州半立ち」、通称遠州小落花を探し始めた。すぐに見つかるだろうと気楽に構えていたが、期待は外れた。遠州小落花を扱う農家が一軒もなかったのだ。途方に暮れた杉山は、気持ちを切り替えて市立図書館や郷土資料館の文献をあさり始めた。そこには、セントルイス万博に関する資料があるはずだった。

予想が当たり、万博に出品したのが「静岡県落花生協同組合」だと判明。その組合のメンバーも突き止めた。次に、メンバーの氏名から子孫の所在をリストアップ。まるで探偵のように、「あなたの祖先が育てていた遠州小落花を知りませんか？」と子孫ひとりひとりを訪ね歩いた。1世紀前の話を聞かれた子孫も戸惑ったことだろう。ひとり、ふたり、三人と空振りが続いたなかで、万博当時の組合長の子孫を訪ねた際に、「当時の畑をそのままにしてあるから、毎年自生してるよ」という話を聞くことができた。

杉山は、その言葉に胸を高鳴らせた。逸る気持ちをおさえながら教えてもらった住所に出向くと、そこは雑草が生い茂る耕作放棄地だった。

雑草をかきわけ、地面に目を凝らす。しばらくすると、目指すものが顔をのぞかせた。青々とした葉をつけた落花生こそ、1904年のセントルイス万博で世界一の評価を得ながら、いつの頃からか生産が途絶えて行方知れずになっていた遠州小落花だった。

杉山は、すべての種を譲り受けた。その種は、お茶缶一本ほどの分量だった。

「農業をするつもりはなかった」という杉山は、遠州小落花を栽培してくれる農家を探し始めた。栽培を委託し、できあがった落花生をピーナッツバターにするところから携わろうと考えていたのだ。ところが、うまくいかなかった。アメリカで会計士をしていて、農業経験ゼロの男から落花生を育ててほしいと頼まれて頷くお人よしはいなかった。100年以上も放置されながらひっそりと命をつないできた種を手にした杉山は、腹をくくった。

「自分で育てるしかない」

30歳の決断だった。

世界で一番良いピーナッツを作ろう

KPMGの同僚や仲間たちから「勝算ないぞ」と笑われながら会社を辞め、アメリカを去ったのが2013年、30歳の時。馬鹿にされればされるほど、やる気がわいてきた。

「世界でも、自分で豆を作って焙煎して、挽きたてのものを瓶に詰めて売ってる人って多分いないでしょう？　それがいいなって思ったし、それをサポートしてくれる世界一の遠州小落花っていう存在がある。アメリカっていう大きなマーケットもある。だから、失敗するはずがない！　と思ってましたね（笑）」

農家としての第一歩は、農地を借りるところから始まった。

「浜松にも耕作放棄地はたくさんあります。だから、農地の地主を見つけては貸してください とお願いしたんですが、僕が素人だと知るとあっさり断られる。それでもめげずにアタックを続けていたら、ようやく一軒、貸してくれるところが見つかりました」

広さは60坪、農業用語で表せば「2畝(せ)」。家庭菜園に毛が生えたほどの規模で、荒れ放題の耕作放棄地ながら、それは幸運な出会いだった。「世界で一番美味しいピーナッツバターを作りたいから、世界で一番良いピーナッツを作ろう」と考えていた杉山にとって、何年も放置されて農薬がきれいに抜けた農地こそ、望むところだったのだ。

荒地を農地に戻すにあたり、なんの知識もない杉山は再び文献を紐解いて、1904年当時の生産者の手法を参考にした。米農家からわらと米ぬか、もみ殻を仕入れ、浜名湖からはマグネシウムが豊富でかつて肥料として使われていたモクという海藻を調達。米ぬか、海藻、わらと積み上げて寝かし、もみ殻を混ぜて攪拌すると、やがて米ぬかの菌で発酵する。それを畑の土に混ぜ込むのだ。

土づくりだけでなく、種を蒔いた後も手間暇のかかる道を選んだ。落花生の産地では、一般的に芽の周囲にビニールを張り巡らせる。そうすると地面の温度が上がって発芽も早くなるし、雑草も生えないという一石二鳥の方法だ。しかし、落花生の実がなる段階になるとビニールを破いて外すか、そのまま土のなかに埋めて放置するという手法がとられている。杉山さんは「破けばゴミになるし、放置すれば環境に悪いから」とビニールを敷かないことにした。

種を蒔いてから収穫するまでの過程は、主にハウツー本とYouTubeを見て学んだ。特にYouTubeは重宝したという。

「英語と日本語、どっちもたくさん動画がアップされてるんですよ。アップしてる農家さんは僕よりぜんぜん先輩だから、植え方とか、掘り起こし方とか、めちゃくちゃ参考になりますね。気になる動画はスマホからテレビに飛ばしてアップにしたり、スローにしたりしながら細かい部分を確認しました」

種を蒔いてからは、怒濤の勢いで生えてくる雑草との戦いだった。杉山の仕事時間は、朝6時から11時までと、15時から18時まで。夏の間、この計8時間をずっと草抜きに費やす。いまどき、こんなに手間暇のかかる方法で落花生を栽培している人はほかにいない。しかし2013年の10月、初めて収穫した遠州小落花を食べた時に「ピーナッツバターにするのがもったいないくらい美味しくて。これだ！　と思った」という。

杉山は、収穫した遠州小落花をフライパンやストーブで炒ってから、アメリカで購入した本格的なマシンで〝ピーナッツバター〟をつくってみた。ちなみに、杉山の商品は「ピーナッツバター」という名前がついているが、それはアメリカ市場を意識してのことで、この時から今も変わらず杉山がつくっているのは100％ピュアな遠州小落花のペーストだ。バターはもちろん、油も砂糖も塩も加えていない。無農薬、無化学肥料、無添加でつくった世界一の遠州小落花だけで、従来のピーナッツバターを超える味を表現したいと考えたからだ。

最初に作った〝ピーナッツバター〟をレストランのシェフや菓子店のパティシエに食べてもらうと、通常のピーナッツバターとは全く違う味に「ぜんぜん甘くない」「どうやって食べるの？」という疑問の声があがった。

しかし、不安はなかった。最高の豆さえあれば、あとは工夫して改善すればいい。最初の一歩から独自の道を歩む杉山は、無人の荒野を邁進、というよりも爆走していく。

「常識を上回るため」の実験

遠州小落花の栽培を始めてからの6年を振り返り、杉山はこう語る。

「常識を上回るために、うちは毎日が実験です。それが楽しいっすね」

例えば、収穫の時期。書籍には「葉が広がり、中心部分が黄色く変色してきた頃」と書かれており、ほかの落花生農家に聞いても同じことを言われた。でも、経験の浅い杉山には曖昧すぎて「超わかりにくいんすよ」。そこで、全く別のアプローチを編み出した。

「アメリカにはピーナッツ生産者のカウンシル（評議会）があります。大学と共同研究もしているんだけど、そこで『収穫の時期を見極めるには毎日の農地の温度を足した積算温度が大切』という記事を見つけたんですよ。記事には目安が3000度とあって、うちは種類が違うから最適な積算温度を見つけるために2年目、3年目に実験しました」

まず、農地を3000度で収穫する畝から3500度で収穫する畝まで100度ごとに6つに区切る。4月に種を蒔いてから毎日6回、農地の温度を測って平均値を出す。その数字をどんどん足していき、それぞれの数値に達したら収穫する。2年間の実験により、杉山は3200度が適温だと弾き出した。

肥料もデータ化している。肥料に使う米ぬか、牡蠣殻、わら、もみ殻、堆肥の養分を調べ、同時に農地の土壌も分析。窒素、リン酸、カリウムなどの数値を見える化し、農地に足りない養分を的確に補うという発想だ。

収穫した後の畑に小麦も植えるようになった。冬の間に育った麦は、収穫せずに全て畑の中に混ぜ込んで肥料にする。これは文献にあった「緑肥」という手法で、連作障害を防ぎつつ、種まきする春に向けて土を肥やす昔ながらの知恵である。

世界の知見、日本の伝統と知恵を組み合わせたハイブリッド型農法で世界一のピーナッツをつくろうとしているのだ。

ここまでは、まだ「実験」の入り口に過ぎない。杉山は自分のピーナッツバターを調味料として料理人に使ってもらおうと考えた。そうなれば、市場は世界。そのために、複数のテイストを表現することを目指した。

例えば、豆粒の大きさによって油分と味が異なる。よく育った大きな豆は少し大味になり、小さな豆は旨味がギュッと凝縮される。杉山は豆の大きさを花でコントロールした。

「花が咲くタイミングで、牡蠣殻を石灰状にしたものを撒いて成長を一時的に止めるんです。石灰を撒くと、根と葉がカルシウムだけをがちっと取り込んで、ほかのものを受け付けなくなる。ガラスでコーティングされるようなイメージで、畑の動きがストップするんですよ。収穫は土の積算温度を基準にしているので、旨味がギュッと詰まった実が欲しい時は、牡蠣殻で花が咲く時期を遅らせてまだ実が小さい時に収穫するんです」

こうして収穫した大、中、小の豆は、11月頃に吹く「遠州のからっ風」に当てて天日干しにする。その後、豆の渋皮をむく作業があるのだが、ここでも独自の工夫を凝らす。通常は一度お湯に浸してから皮をむく機械に入れるところを、せっかく天日で乾燥させたものを水に浸すのは馬鹿らしいという理由で、近所の農家からもらった米のもみ殻を取る機械を改造。乾燥したまま渋皮をむくことができるオリジナルのマシンをつくり上げた。

焙煎機は、市販のものでは理想の味が出ないと判断し、焙煎機メーカーに手当たり次第に連絡。熊本に細かなリクエストを聞いてくれる業者を見つけ、遠赤外線機能がついた焙煎機を特注した。これで大・中・小の豆を浅煎り、深煎りにする。さらにビターにする場合は渋皮をむかずに煎る、甘みを強くするためにはちみつを入れるなどの工夫で、7種類の味を生み出すことに成功した。

最近では、トラクターの後部に自作の器具を装着し、雑草を掘り起こせるようにしている。ピーナッツを狙うカラスを遠ざける仕掛けも編み出し、カラスの被害もなくなった。

杉山はこうした「実験」を、すべてひとりで行ってきた。効率を考えれば専門家を頼っても良さそうなものだが、あえてそうしない。

「人に任せればすぐに解決するようなこともありますけど、自分でやれば、いつかそこで得たスキルや知識、経験を活かすことができるかもしれない。僕はこの時間を『投資』だと思っているんです。まあ、多分、素人だからできたんだと思います（笑）。いろいろ知りすぎちゃってると、常識に縛られるし」

この「なんでも自分でつくってみよう」の精神で、自社のサイトも、「杉山ナッツ」のロゴやパッケージのデザインも、いちから勉強して自分で製作した。

営業も、当たって砕けろ。最初の2年間はアメリカ時代のクライアントから会計士の仕事を細々と受けつつ、栽培と生産の実験に費やした。納得のいくピーナッツバターができたのは3年目。それを持って浜松市内のスーパーやショップを訪ねて「ピーナッツバターをつくったから置いてほしい」と交渉したのだ。

提供：杉山ナッツ

当然、大半の店で門前払いされた。説明をしたうえで味見をしてもらっても、「これはピーナッツバターじゃない」「油入れてるんじゃないの」とネガティブな評価をされることもあった。しかし、杉山は「断られて当然」としらみつぶしに営業をかけた。

すると、「遠州小落花」「無農薬、無添加」といったキーワード、なにより口に含んだ瞬間に弾ける香ばしさと濃厚なうま味を評価する店が一軒、二軒と現れ始めた。それからは、あっという間だった。口コミで「杉山ナッツ」の評判が爆発的に広まり、生産開始からわずか4年で2万個を売り切るようになった。

この勢いに乗って料理店にも徐々に浸透し始めており、既に寿司店、中華レストランなどで採用されている。冒頭に記したように、ニューヨークの有名ステーキ店も杉山ナッツを導入している店のひとつだ。知名度が上がると、農地を借りやすくなった。

杉山にとって耕作放棄地は農薬が抜けた理想の土地で、地主にとっては荒れ地を貸して収入を得られるのだからウィンウィンの関係だ。借りてほしいと頼まれることも増え、2019年の作付面積は初年度の100倍の6000坪、2町歩になった。

子育てと仕事のローテーション

2015年に結婚、現在3人の子どもを育てる杉山の実験は、働き方にも及んでいる。杉山の仕事時間は朝6時から11時までと、15時から18時までの計8時間と先述したが、当初は朝から日が落ちるまで働いていた。

「最初の頃、朝からぶっ通しで働いてたら体調を崩したんですよね。だから今は暑い時間は働きません。家に帰って昼飯を食べて、子どもと遊んだり、昼寝をしたり、サーフィンに行ったり、潮干狩りをしたり、自由に過ごしてます。今の働き方の方がメリハリがあるし、ぜんぜん効率良いんですよ」

年々、事業が拡大するなかで、ふたりのスタッフを雇い入れたが、採用も独特だ。ひとりは車の整備士をしていた地元の後輩で、もともとは特に親しい間柄ではなかったが、2017年夏、たまたま最寄り駅で顔を合わせた際に、「5年間働いていた派遣先で、契約更新しないと言われた」と打ち明けられ、その場で「それなら農業やらない?」とリクルートした。その男性は今、トラクターの整備や改造など特技を活かしながらいくつかの畑を任されている。

もうひとりは50代後半の女性で、現役の看護師。その女性は杉山ナッツの大ファンで、「なにかお手伝いさせてほしい」と手紙を送ってきたそうだ。連絡を取って顔を合わせた際、「ナースの仕事は好きで、70歳までやりたい。でも、杉山さんの記事を読んで、その物語に携わりたいと思った。手紙を出すのに半年悩んだけど、新しい夢を持ちたい」と訴えられて、その場で採用を決めた。そのナースも2017年から、月に8日の休日に、近郊から車で1時間半かけて浜松まで通っている。

最近は、元整備工と現役看護師の3人でYouTubeの動画を共有し、それぞれの視点で世界一のピーナッツバターをつくるためのヒントを探しているという。

パートも3人いる。結婚を機に浜松に引っ越してきた21歳の女性と、50代の主婦と保育士。それぞれ、杉山ナッツのウェブサイトを見て連絡してきた、農業の素人だ。

「農業経験なんて関係ないっすよ。教えればいいんだから。それよりも大切なのは僕が持っていないものを持っていること。僕が与えられるものもあるし、僕が得るものもあるじゃないですか。そのかけ算で、面白いアイデアが生まれる可能性もあるでしょ。あとは、一緒にやりたいという気持ちだけ。杉山ナッツの世界を広げていくためには、気持ちのあるメンバーが必要なんで」

実際、知見の掛け算が生まれている。例えば、雑草の除草作業の時、保育士さんから「勤務先で使用している『けずっ太郎』という除草器具を使ってはどうか」と提案されて導入したところ、「めちゃめちゃ良かった！」そうだ。

「安易にお金で解決しない」ことがモットーの杉山は、2万個の製品のパッケージングや発送作業も外注しない。それらの仕事を担うのは、自宅で子育てをしながら仕事をしたいと考えていた杉山の妻と、3人のママ友。杉山は、収穫後の秋から春まで週に2回、4人がそれぞれの子どもを連れて集まり、ひとりが子守り、3人が仕事をするというローテーションを組んだ。もちろん、子守りをしているママにも同じ時給が支払われる。

「子ども同士が遊んでるのをひとりのお母さんが見守るって、普通のことですよね。それを仕事にしただけです」

2017年まで基本的にひとりですべての仕事をこなしていた杉山が人を増やし始めたのは、事業拡大だけが理由ではない。

「もともと、地元愛はそんなに強くなかったんですけどね。これまで、浜松だけでやってきたじゃないですか。それは地域の人が購入し、支えてくれているということであり、杉山ナッツへの応援、投資だと思っています。だから、その利益は地域に還元していきたい」

最近、新しい目標ができた。浜松に点在する草木がぼうぼうの耕作放棄地を遠州小落花の農地に変えて、町の景色を変える。性別も学歴も年齢も関係なく、高齢者でも子育て中のママでもギブアンドテイクで前向きに働けるように仕事と場所をつくる。そうして、浜松に住む人たちの幸福度を上げる。それができるのが農業であり、ものづくり。だから、「農業は最高！」なのだ。目標実現のために、杉山の常識外れの挑戦は続く。

4年で500以上のカイゼン　東大卒「畑に入らないマネージャー」

客足が絶えない梨園

2018年8月某日、栃木県宇都宮市の郊外。僕は、当地で3代続く「阿部梨園」の事務所で「畑に入らないマネージャー」、佐川友彦の話を聞いていた。クーラーの効いた事務所のすぐ外では、採れたばかりの梨が売られている。その日は平日で、何の変哲もない蒸し暑い夏の午後だったが、ひっきりなしに車が入ってきては梨を買っていく。阿部梨園の周りには田畑しかなく、なにかのついでに立ち寄るような場所ではない。みんな、阿部梨園を目的地に車を運転してきているのだ。

「平日なのに、たくさんお客さんがくるんですね」と言うと、佐川は頷いた。

「まだシーズンが始まったばかりで、ほとんど告知もしていないんですけどね」

売り場では、若いスタッフがお客さんに対応していた。お客さんが台の上に置かれた梨を選び、現金を手渡す。一見、昔ながらの風景のなかに、ひとつ明らかに異なる点がある。

スタッフがタブレット端末を軽快に操りながら、売り上げを管理しているのだ。しかも、とびっきりの笑顔を浮かべながら。僕はその姿を見て、なんだか嬉しくなった。高齢化、後継者不足で暗雲垂れ込めていると思われがちな農業のなかで、生産者が目指すべきひとつの未来を目の当たりにした気がしたからだ。大げさに思われるかもしれないが、佐川の取り組みとそれがもたらした結果を見れば、僕の言いたいこともわかってもらえるだろう。

阿部梨園・佐川氏の仕事場にて

2014年、阿部梨園に加わった佐川は経営と業務の「カイゼン」を担ってきた。ユニークなのは「カイゼン」の提案とマネジメントに特化してきたことだ。大小さまざまなカイゼンの数は、なんと500を超える。タブレット端末の導入も、そのひとつだ。佐川の加入以来、阿部梨園の直売率は約80%から99%まで伸びた。農協に納める通常のルートと比べて直売は圧倒的に利益率が高く、売り上げも伸長。もともと2・6ヘクタールある梨園の拡大を進めている……と書くと、佐川がなにか特別な手を打ったように感じるかもしれないが、そうではない。

佐川がもたらしたカイゼンは、どこの農家でも取りいれられるものが多い。むしろ、ひとつひとつはシンプルかつ小さなカイゼンの積み重ねによって無駄が削ぎ落とされ、業務の合理化が進み、経営が骨太になった成果としての直売率99％と言える。現代にあっても、手書きやＦＡＸによる注文や販売の受付、アバウトな生産管理にどんぶり勘定という農家は少なくない。見方を変えると、日本の農家はまだまだカイゼンの余地が大きいということだ。

外資系メーカーから梨園へ

佐川は何をしたのか。それを紹介する前に、佐川がどんな人物で、どんなキャリアを歩み、なぜ縁もゆかりもなかった阿部梨園で働いているのかを記そう。異業種で仕事をしながらも農業に携わりたいと考えている人のヒントになるかもしれない。

東京大学農学部で地域環境工学を学んだ佐川は２００７年、同大大学院に進み、農学生命科学研究科の修士課程を修了した。当時、佐川が関心を持っていたのは環境やエネルギー問題だった。

２００９年に大学院を出て、外資系化学メーカー大手のデュポンに就職。１年目から太陽光パネルの素材の研究開発を行う部署に配属された。

「経産省が主導して作られた１００社くらいが集まる巨大コンソーシアム（共同事業体）があって、１年目から会社の代表としてそのコンソーシアムに参加していました。ほかの企業と一緒に太陽電池の寿命をどうしたら延ばせるか、太陽電池の寿命を技術的にどうやって評価や保証をするのかということを研究していました」

小学生の時に読んだ絵本がきっかけでずっと環境問題に取り組みたいと願っていた佐川は当初、「夢が叶った」と思ったという。しかし、もともと研究自体は得意でなく、太陽光発電パネルを延々と壊して実験するような、20年先を見据えるサイエンスは肌に合わなかった。さらに、そういった研究を自社の利益に結びつけなくてはいけないという重圧もあり、体調を崩した。その時に立ち止まった。

「人生設計を見直そう」

４年働いたデュポンを辞めた佐川は、次に何をするかも決めず、宇都宮に移り住んだ。

「僕と妻は群馬出身なんですが、実家はいつでも帰れるよね、と。宇都宮はデュポンでの最初の2年間住んでいたんですけど、その時にローカルな友達ができたんです。僕らにとって、その仲間たちと一緒にすごすのはすごく大切だなと感じたので、じゃあまずは宇都宮に行ってみようって。友達ベースというか、居心地のいいところを選びました」

この時の佐川は、いつの時代にもよくいる、夢破れた若者のひとりだったのだ。

宇都宮でなにをしようかと考えた時、避けたいのは大企業に入って、同じような職に就くことだった。普通に転職活動をすると、そうなることは目に見えている。もっと別のジャンルで面白いことをしたいと思った佐川は、栃木県内の企業のインターンシップを紹介しているNPOに連絡を取った。

そこで案内されたのが、宇都宮駅から車で20分ほどの下荒針町に位置する阿部梨園だった。あまり知られていないが、栃木県は梨どころで全国3位の収穫量を誇る。1975年創業の阿部梨園を現在率いているのは、3代目の阿部英生さん。栽培面積は2・6ヘクタールで、「量より質」を追求して9種類の梨を栽培し、直売中心で販売してきた。しかしその当時、スタッフが長続きしないなど経営上の課題を抱えており、「何か組織に刺激を与えてみるのもいいんじゃないか」（阿部さん）ということで、初めてインターンシップの受け入れを決めたところだった。

「NPOの方が、農学部出身だからぜひこれがいいと阿部梨園をプッシュしてくれたんです。その内容を見たら、『家業から事業へ』というフレーズがあって、家業型の問題点と向き合って事業化したいと書いてあったので、興味を持ちました。農家をひとつの事業として見た時に、お金がどう動いているか、人をどう雇っているのかなどひと通り見てみると自分にとってもすごくいい経験になるんじゃないかなと思ったんです。前職で働き過ぎて疲れが残っていたので、フルタイムの仕事に戻る前に、パートタイムでどこかにコミットするのも良いだろうと参加を決めました」

阿部梨園の梨

契約は2014年9月から12月まで、各週2、3回。佐川に与えられたのは「イベントで集客しましょう」「ボランティアの活用など労働力不足を解消するような仕組み作りをしましょう」というミッションだった。

しかし、阿部梨園に足を運ぶようになって数日もたつと、もっと根本的な問題があると感じるようになった。物の置き場所が決まっていない。資材の置き場所に名前がないので、どこに何があるかわかりづらい。大事な書類がお菓子の箱に入っている。事務所が家の延長のようになっていて、雑然としている。デュポンの環境と比べると、同じ「ビジネス」をしているはずなのに、別世界に見えた。

その一方で、栽培している9種類の梨はとても丁寧に作られていた。梨は、大きさがうま味に直結する。そのために、いずれ果実となる花の芽をあえて摘むことで実の数を絞ったり、完全に熟してから収穫するという、量より質を重視した生産が行われていた。そのこだわりが、ソフトボールのように大きい梨となる。

栽培について佐川が詳しく知るのはもう少し後のことだが、とにかく実が大きくて、ジューシーで、買いに来るお客さんもたくさんいる。佐川はそこにポテンシャルを感じた。

「モノが良くて売れているんだったら、足腰の部分をちゃんとチューニングすればもっといい農園になるんじゃないか」

そこで、意を決して進言した。

「やるべきことは集客じゃない。家業から事業に変えるために本気でやりましょう」

阿部梨園の3代目、阿部英生さんは、その提案を歓迎した。

「僕は梨を作ることに注力しすぎていたので、事業といっても何をどうしたらいいのかわかりませんでした。だから助かったし、なにより本気だなと思ったんですよね」

見渡す限り課題だらけ

ここから、佐川のカイゼンが始まる。ふたりはまず、「プロミス100」を立ち上げた。佐川の契約が終わる12月までに課題を100個リストアップして、改善しようというプロジェクトだ。これを始めるにあたり、ふたりの間に聖域をつくらないこと、小さなこと、面倒なことでもどんどんリストアップして、着実に取り組むことを決めた。

契約満了まで、佐川に残された時間は約300時間。ひとつの課題に3時間しかかけられないので、目につく範囲から手を付けていった。例えば梨園に来ているパート、アルバイトからは「休憩時間に音楽をかけたい」「作業中、温かいお茶が飲みたい」といった些細な要望があがった。これもカウントして、阿部さんが迅速に可否を判断していくのだ。

実務的な部分にもメスを入れた。それまでスタッフへの謝礼は現金払いで、封筒に入れて手渡していた。それでは、互いに授受を証明できない。佐川は「給与明細を出すようにしましょう」と提案した。

佐川が手ごたえを感じたのは、みんなで事務所を大掃除した時だったと振り返る。

「それまでスタッフさんは阿部の家にお手伝いに来ているという感覚だったので、掃除も阿部家の誰かがしていました。でも、大掃除をして事務所の整理整頓を終えた時に、みんなの職場になったと感じました。実際、それからスタッフの姿勢も変わりました」

今ここに挙げたような給与明細を出す、物の置き場を決める、事務所の整理整頓などの課題は、企業人からしたら「そんなところから？」と感じるようなレベルかもしれないが、佐川曰く「どれも、農家あるある」。そこに、やりがいを見出した。

「ぐるっと見渡すと、課題だらけ。しかも給与明細の作り方、出し方みたいに学校では学べないこともたくさんある。これは思った以上に楽しそうだと思いましたね」

迎えたインターン終了の12月、阿部さんと佐川が解決に至った課題は70に達した。１００には及ばなかったが、ふたりで作った今後のためのリストには３００ものアイデアがあった。佐川は自分が去った後にやるべきことをリストアップして阿部さんに渡そうと考えていたが、その資料を作っているうちに、手が止まった。

「やっぱり、ここにいたい」

この４カ月で、阿部梨園には畑作業をしない人間を置いておく余裕がないこともわかっていた。もし働かせてほしいと申し出て断られたら、と思って躊躇もしたが、その想いは抑えられなかった。

「阿部が一生懸命向き合ってくれて、変わろうという意欲を見せてもらった。そういう人と一緒に仕事していきたいと思ったんです。根拠はないんですけど、フィーリングとして強く感じる部分があったので、自分と波長の合う本気の人と一緒に仕事するのは自分の人生において大事なんじゃないかなって。だから、お世話になりました、また会いましょうで別れたら、絶対に後悔すると思いました」

そこで佐川は履歴書とともに、自分にはこういう貢献ができるという10の提案をまとめて、阿部さんに送った。それは学生時代の就職活動の時とは比べ物にならないほど、真剣に、熱意を込めて書いたものだった。阿部さんはそれを読んで、男泣きした。

「父から譲り受けてから、自分ひとりで頑張ればいいという気持ちで過ごしてきたので、佐川君からの申し出はすごく幸せだったし、頼りになる仲間ができたと思いました」

梨の木にＩＤを振る

もちろん、佐川の給料はデュポン時代からかなり下がったが、異論はなかった。未経験で新しい企業に入社したと思えば、なんてことはない。むしろ、阿部梨園として大きなリスクをとってくれたことをありがたく感じたという。阿部さんとは「成果が出たら次の年の給与に反映する」ことで合意。こうして、恐らく日本にたったひとりの、「東大卒の畑に入らないマネージャー」が生まれた。佐川が29歳の時だった。

阿部さんと佐川、二人三脚のカイゼンは２０１５年から本格化した。最初に着手したのは、データの収集だった。そもそも、梨の収穫量自体が曖昧だった。梨を入れたコンテナの数で「今日は何百キロ」とカウントしていたのだが、そのコンテナが常に同じように満タンになっているとは限らない。正確な数字がないため、収穫量をベースに売り上げを推測することができなかった。これは重量を計測して、エクセルで管理するようにした。

どんな商品がどれだけ売れた、というデータもなかった。作ったものを農協に卸していれば詳細な売り上げデータは不要になる。しかし、直売をメインに据えているからには、何が売れて何が売れていないかを把握しないと、ニーズの変化に対応ができなくなってしまう。そこで、タブレット端末を使ったＰＯＳレジ「エアレジ」を導入して一元管理した。そして、阿部梨園全体の会計はクラウド会計サービス「freee」を使い、手間とコストを大幅にカットした。

スタッフの作業時間や内容も、ざっくりとしか管理されていなかった。そこでその日の仕事内容を1時間単位で記した指示書を渡し、時間軸で何をしたのかを記入できる日報を用意して、提出を義務付けた。手書きだったスタッフの勤怠管理には、会計と同じクラウドサービス「freee」の人事労務ソフトを導入した。

業務のカイゼンで、「めちゃくちゃ効果があった」というのは、作業時間の集計だ。

「レコーディングダイエットと一緒で、記録してその数字を吟味するという前提だと、時間の使い方にも緊張感が出るんですよね。それが全体のスピードアップにつながったと思います。数字ベースのコミュニケーションも生まれました。いまは阿部の下にフルタイムのリーダーを立てているんですけど、去年、人工授粉は何百時間かかったから今年はそれを少し削った目標を立てて、それをいつから始めていつ頃終わるかという進捗管理をしてくれる？　とお願いできるようになりました」

佐川のアイデアで、阿部さんが「すごい！」と感心したのは、梨の木にIDを振ったことだ。梨の木の配置図「圃場（ほじょう）マップ」を作り、縦軸に数字、横軸にアルファベットを振った。さらに、梨の種類ごとに色分けした。

それまで梨の木に何か問題が発生した時に、「あの畑の左奥の何番目」というわかりづらい指示しか出せなかったのが、このIDによって「Eの6の木で虫が出ましたよ」とピンポイントで位置を共有できるようになった。

こういった劇的な変化は、ともすれば現場のスタッフの不満につながりやすい。しかし、幸か不幸か佐川が正式に着任した時、古参のスタッフが辞めて新しいスタッフを入れたタイミングだったため、それが当たり前のこととして受け入れられたという。

作業や憶えることを増やすだけでなく、業務をスリム化したことも仕事の効率を高めた。もともと阿部梨園では梨園での店頭販売、電話、FAX、郵送による通販がメインだった。贈答用も受け付けていて、いくつかのメニューを用意していたのだが、お客さんのなかには5キロパック用の箱に6キロ入れてほしいとか、自分好みの品種を組み合わせてほしいというメニューにないオーダーを出してくる人がいた。そういった個別対応をやめた。作業、会計の手間が増えるからだ。

送料の区分も減らした。もともと県内、関東、関西など10ほどの区分があり、さらに大きさも複数のパターンがあったのだが、まとめてシンプルにした。そうすると当然、わずかながら値上がりする場合もあるのだが、そこには目をつぶり、煩雑な送料計算をやめた。

それまで白紙にフリーハンドで注文を受けていたのも、注文票を作って対応した。これによって、電話番号がない、字が読めないといった事態が減り、顧客との余計なコミュニケーションをする必要がなくなった。

こうした農作業や事務作業の合理化を進めながら、梨のプロモーションも同時進行。カタログやホームページ、ダイレクトメールの見直しも進めた。これを外注するとかなりの費用が発生するが、ホームページに関しては趣味が高じてプロレベルのウェブデザインの腕を持つ佐川が自ら担当した。プロモーションで意識したのは、情報を詰め込むのではなく、わかりやすく整理することだ。

さらに、オンラインショップもオープン。それまで注文するのに電話、FAX、郵送での申し込みしか方法がなかったので、すぐにオンラインショップの売り上げが増えた。今ではオンラインの売り上げが3割にのぼる。

郵便局にも阿部梨園のチラシを置くようになり、そこからの注文も増えた。こうした小さな積み重ねにより、佐川が参画する前は80%程度だった直売率が、2016年には99%になった。この数字を17年、18年もキープし、栃木県内でトップの直売率を誇る。

経営がスリム化し、直売が伸びれば利益率が高まって、経営状態も上向きになる。阿部さんはそこで投資を惜しまず、佐川のほかにフルタイムのスタッフを2人採用した。そのうちのひとりはアルバイトから採用した若者なのだが、非常に優秀ですでに不可欠の戦力になっているという。

カイゼンの実例をオンラインで無料公開

最終的に2015年から2年間で、阿部さんと佐川が改善した項目は500を超えた。その成果として、阿部さん自身の生活にも本人が予想しなかったカイゼンがもたらされた。

「昔は目の前の実務で精一杯だったんで、バスケで言うといま自分がオフェンスをしているのか、ディフェンスをしているのか、わからないような状況で目の前の仕事に追われていました。でも今は、全体が見えています。そうなると仕事にも余裕が生まれて、子どもたちと過ごす時間も増えました。仕事はもちろん、阿部家のプライベートもカイゼンのお陰で良くなったんです。これって最高じゃない？　普通の生産者には多分この感覚がないんですよ。自分の休日イコール仕事の遅れだから。うちはお陰様で休みが欲しいっていうときに休みがもらえるし、その時に残ってくれる仲間がいる。他の農家さんに比べて幸せな状況ですよ」

佐川も同じように「幸せ」を感じていた。2018年夏、初めて佐川に話を聞いた時、こう語っていた。

「意見調整とか社内政治とか接待とか、そういうものがまったくない状態で、目の前の梨園をどうやってよくするかということに全力を尽くせたことで、すごく自分の能力を伸ばせたなと思います。大きい会社でアサイン（割り当て）されたプロジェクトも楽しいですけど、有名な会社に入ったからってこんなに人に感謝されることってないですし、すごく幸せですね。時間の使い方とか休みの取り方も完全に僕の自由なので、いろんな人にその働き方は羨ましいって言われます」

　しかし2019年1月から、阿部梨園の社員という立場を離れ、週に2日だけかかわるようになった。理由は3つある。直売率がほぼ100％に達し、経営改善もひと通り終えたなかで、『佐川しかできない』となっていた仕事を誰にでもできるようにしよう」と考えたのがひとつ。もうひとつは「自分の分の給料を減らして、阿部が農園をさらに進化させるための投資をしやすくするため」。最後は、佐川自身の大きな変化がある。

　17年、佐川は「阿部梨園での改善をオンラインで無料公開する」という目的で、クラウドファンディングを行った。目標金額は100万円だったが、集まった金額は446万3000円にのぼった。世の中の農家が、どれほど切実に現場に即したカイゼンを求めているのか、わかる金額だ。この資金をもとに18年5月、「阿部梨園の知恵袋　農家の小さい改善実例300」というサイトを立ちあげたところ、予想以上に反響が大きく、日本全国の生産者、団体から講演の依頼が殺到したのだ。

「これは、自分でも本当にビックリしています。今年（19年）は講演の依頼だけで70〜80件あって、『阿部梨園の知恵袋』を立ち上げる前の5倍から10倍になります」

平均すれば月に6、7件。週に1回以上の割合で講演をしているのだから、生産者からのニーズの高さがうかがえる。しかも、会場には若者だけでなく、高齢の生産者も少なくないという。農業といえば平均年齢66・8歳（18年）に達する高齢化が大きな課題となっているが、年齢にかかわらずカイゼンへの意欲があるというのは、ひとつの希望だろう。

佐川の存在に注目したのは、生産者だけではない。生産者向けにITサービスや経営支援サービスを展開したい企業からも声がかかり、2019年8月現在、クラウド会計サービスを手掛けるfreee、農業メディアのマイナビ農業、農家専用マーケティング・ツールを提供するファーマーズ・ガイドなど6社と手を組み、農業界での知見を活かして支援している。「阿部梨園の佐川」が「佐川友彦」になって1年もたたずにこれだけの企業と提携できたのは、佐川のポジションが希少だからだ。

農業分野に参入したい企業にとって、一番の難関は農業の現場との関係づくりだ。例えば開発の段階で企業側がいくら革新的なサービスをつくったと自負していても、生産者から見たら不要、あるいは不十分ということもあるだろう。そうならないためにも生産者の意見を知りたい、声を聞きたいというのが企業側の要望だが、生産者には日々の仕事があり、そこに時間を割くメリットがない。新しいサービスやプロダクトを導入するのは基本的に面倒くさいことだし、お金がかかるなら、なおさらだ。そもそも、農業の現場を知らないスーツ姿のサラリーマンが横文字を並べても、信頼を得るのは難しい。

この壁を乗り越えて、なんとか商品をリリースしたとして、シェアを拡げるのも至難の業だ。佐川がかかわり始めた当初の阿部梨園の様子を思い出してほしい。手書き、FAX、アバウトな生産管理にどんぶり勘定の農家はいまだに珍しくない。依然として昭和スタイルが主流の生産者に、新しいツールを売るハードルの高さは想像に難くないだろう。

現場へのアプローチに課題を抱える企業にとって、一般企業でビジネスの経験を持っていて、農家の現場にどっぷりつかったこともあり、生産者の現状と課題を把握し、テクノロジーのリテラシーがあり、生産者と親和性の高い技術を選んでその改善に取り組んできた佐川ほどの適任者はいない。佐川自身も生産者のカイゼンには新しいサービスやテクノロジーの導入は不可欠と考えており、信頼できる企業との協業は望むところだった。

「企業側は、どうやったら自社のサービスが課題解決に貢献できるのか知りたい、でも生産者がなにに困っているのか、深い部分の本音や実情を探りあぐねています。生産者は、そもそも世の中にどんなサービスがあるのか、なにをどう使えばいいのかわかっていない方も多い。狙ったわけではないのですが、僕はたまたまどちらにもサポートできる、すごくニッチなポジションにいたんです。だから、どちらにとってもいい形でつないでいきたいと思います」

生産者から講演の依頼が入ると、佐川はできる限り引き受けて、現場に足を運ぶようにしている。自分の経験やノウハウを伝えるだけでなく、悩みを抱える生産者と直接コミュニケーションを取ることで、日本の農業全体を少しでも底上げしたいと考えているからだ。この活動に関心を持ち、生産者や他業界から、佐川のように「農家の右腕になりたい」という若者も出てきているという。

身ひとつで全国を渡り歩く「農家のカイゼン伝道師」はいま、確信を強めている。

「日本の農業は元気がない、担い手が少ない、食料自給率も上がらないという状態ですけど、とりあえず目の前にやれることがまだたくさんあるじゃんっていうことをポジティブに伝えていきたいんです。僕のように経営のプロじゃなくてもこういう結果が出せたのだから、別の視点を持つ人材が農業に関わったらもっと違うことが起こるだろうし、違うモデルが出てくるでしょう。考え方やきっかけ次第で、まだまだ伸びしろがある。日本の農業はポテンシャルの宝庫ですよ」

世界のスターシェフを魅了するハーブ農園

一流料理人たちが訪問

パスカル・バルボ、アラン・パサール、ベルトラン・グレボー……。この名前を見て、おお！　と思う人は、相当なグルマンだろう。それぞれ、パリで予約が最も困難な三ツ星レストランと言われる「アストランス」、1996年から三ツ星を守り続けている「アルページュ」、美食家や料理人の間でも評価の高い一ツ星レストラン「セプティム」のシェフだ。

広島空港から、車で北に向かって約30分。緑豊かな山の合間に田んぼが広がり、『日本昔ばなし』のような景色が広がるところに、冒頭に記したようなスターシェフがこぞって訪れる梶谷農園はあった。目的は、梶谷ユズルに会うこと。国内外の星付きレストランのシェフたちと交流を持つファーマーだ。

ところで、なぜ農家でも生産者でもなく「ファーマー」という言葉を使っているかというと、梶谷自身が「スーパースターファーマー」と名乗っているからだ。

このことを知った時から、梶谷がいわゆる一般的なイメージの農家、生産者ではないと感じていたけれど、まさにそうだった。農園を訪ねた僕を「どうもどうも！」と気さくに迎えてくれた梶谷は、サッカー・ブラジル代表の黄色のユニフォームに短パン姿だった。僕が物書きを始めて15年以上経つが、取材の際にこれほどフランクな雰囲気だった人はほかにいない。

ハーブ農園の梶谷氏

スーパースターファーマーのもとには海外からの来客が絶えない。訪ねてくるのは、スターシェフだけではない。例えば香港の投資家は、こんなオファーをしたという。

「君が育てているものを全部売ってくれ」

ニューヨークから来たモルガンスタンレーの投資担当者は、こんな提案をした。

「次は食に投資をしたいと思っている。君に投資するから、上場してほしい」

これはジョークではなく、広島の山間地で繰り広げられているリアルな会話である。

なぜ、多忙なスターシェフたちが日本滞在のわずかな隙間を縫い、梶谷を訪ねるのか。

海外の投資家たちは、何に惹かれているのか。まずは、唯一無二の足跡をたどろう。

父親との欧州レストランめぐり

小学3年生、9歳の梶谷少年はテーブルに突っ伏して寝ていた。そこはパリの三ツ星レストラン。周りでは上品な雰囲気のマダムやムッシューが談笑しながら、料理を楽しんでいる。バコッ！　頭を叩かれて目を覚ます。目の前の席に座る父親が無言で目くばせする。最後のデザートの皿が運ばれてきた。それをあっという間に口に詰め込むと、梶谷少年はまた眠りについた。

東京農業大学を出て、広島で農家を始めた梶谷の父親は目端が利く人だった。最初はいろいろ作っていたそうだが、途中で天然に生えている草花を採って売る「雑草ビジネス」に可能性を見出し、ハーブ農家に転じた。しばらくして、知り合いのフレンチのシェフから「日本には乾燥ハーブしかない。生のハーブを作って欲しい」とリクエストされたのを機に、父と子の欧州を巡る旅が始まった。

昼間はハーブの生産者のもとを訪ね、トレンドや栽培方法を学ぶ。そして夜になると、本場の欧州でどんな風にハーブが使われているのかを知るために星付きレストランへ。この贅沢なディナーはしかし、梶谷少年にとっては苦痛でしかなかったと笑う。

「星付きレストランでディナーをすると、最後のデザートまで5時間ぐらいかかるんですよ。子どもにとって5時間ってつらくないっすか。しかも当時は、5時間で5皿ぐらいしか出てこなかった。だから、料理が出てきたらガッと食べて、あとは寝てました」

店によっては、食事の合間にシェフが登場して客と言葉を交わすこともある。そのなかには、2018年夏に亡くなったフレンチの巨匠、ジョエル・ロブションもいたそうだが、どんなに有名なシェフであっても、梶谷の父親はいつも堂々と「日本のハーブ農家です」と自己紹介し、対等に話をしていた。梶谷は眠い目をこすりながら、その様子を眺めていた。

それから10年後、梶谷はカナダのトロントから車で1時間ほどの町、ゲルフ市にあるゲルフ大学の農学部に通っていた。この大学に入ったのは、あることがきっかけで農業や植物に興味を抱いたからだ。

梶谷は中学2年生、14歳の時にカナダの山奥にある全寮制のインターナショナルスクールに留学した。梶谷は三人兄弟の三男で、先に留学してカナダを満喫していた長男に誘われて、14歳で海を渡ったのだ。世界50カ国から子どもたちが集まって寮生活を送るその学校で、梶谷はクラスメートともすぐに打ち解け、山や湖を遊び場に楽しく過ごした。

この学校の高校に通っていた時、それは起きた。日本で梶谷農園を年商1億円にまで成長させてきた父親が事故に遭い、「長くは生きられない」と余命宣告をされてしまったのだ。梶谷が父親に「死ぬ前に何がしたい？」と尋ねると、父親はこう言った。

「世界中の美味しいものが食べたい」

この願いをかなえるために、梶谷は高校の夏休みに父を連れてパリに向かった。そして、農家と星付きレストランを巡る子どもの頃のツアーを再現した。これで元気が出たのか、父親は小康状態を保つようになったので、長期休暇の度に一緒にツアーに出た。ニューヨーク、バルセロナ、ロンドン、シドニー……。

まだ高校生の梶谷にとって、やはり星付きレストランは退屈な場所だった。それよりも、昼間に出会った農家に興味を抱いた。

「高級レストランに野菜を卸している農家のところに行くんだけど、面白い人ばっかりなんですよ。すっぽんぽんで働いてる人がいたり、父が『土はどんな感じですか？』と聞いたら、食べる？　って土を渡してきたり。ずっとマリファナ吸ってるおっさんとか、一時間しか仕事しないであとはずっとサーフィンしてる人もいたな。ほんと楽しかった」

いつもプレッシャーに晒されている星付きレストランのシェフよりも、そういったレストランの食材を支えているファーマーたちから自由と余裕を感じた梶谷は、１９９８年、ゲルフ大学の農学部に進学した。

この大学時代に、梶谷が「人生を変えた」と振り返る出会いがあった。きっかけは、父親とのツアーだった。カナダのオンタリオ州に「アイゲンゼンファーム（Eigensinn Farm）」という名の農園レストランがある。このレストランも、２００２年に世界ベストレストラン50の9位にランクインするような名店だ。敷地内に広大な農場と山があり、野菜を育て、動物や魚を飼育しているこの店のメニューは、高級レストラン＝退屈という梶谷のイメージを覆した。

「10コースのメニューがあって、朝から始まるんです。１コース目がレストランで生ガキとシャンパン。次のコースまで山を1時間歩くと、そこでキノコのコースが始まる。次のコースがあるのは、また1時間歩いた先。10時間、山を散歩しながら食べるんです。夕方ぐらいに戻ってきて、たき火が始まって、そこでデザートを食べて終了。ヤバいでしょ。山を歩いていたら森の中でいろんな植物が見えて楽しいし、腹が減って、汗もかいて気持ちいい。ここのシェフ、マイケルさんっていうんですけど、天才だと思いましたね」

初めての体験に心を撃ち抜かれた梶谷は、その場でマイケルに問うた。

「あなたみたいになりたいです。どうすればいいですか?」

すると、マイケルさんは「簡単だよ」と優しく微笑んだ。

「みんなと同じことをやってちゃだめだ。自分でいること。それだけだよ。Be you」

何を言っているのか、言葉自体はわかっても、意味がわからなかった。それ以来、「Be you」とは何か、梶谷は考え続けることになる。

マイケルに心酔した梶谷は、休みの度にゲルフ市から車を3時間ほど運転して、アイゲンゼンファームに向かった。マイケルの奥さんが日本人だったこともあり、前のめりな日本の若者は歓迎された。そこで皿洗いをしたり、農場の野菜の世話をして過ごした。

カナダの園芸学校でクラス最下位に

2004年、25歳の梶谷はカナダ唯一にして、当時北米トップクラスと言われていた園芸専門学校ナイアガラ・ボタニカル・ガーデンの3年生になっていた。この学校は3年制で、1学年10人のみ。卒業生はバッキンガム宮殿やゴルフ場のオーガスタなどで庭師に就くという少数精鋭のエリート校だ。

全寮制で、学生は学校で学びながら隣接するボタニカル・ガーデンの手入れをする。1936年に造られたこのガーデンは100エーカーの敷地を持ち、多彩な植物が植えられていて観光名所となっている。

ゲルフ大学卒業後、梶谷は実家の農園で働こうと考えていたのだが、父親から「今のお前では無理」と言われてしまった。それならもっと植物について学ぼうとナイアガラ・ボタニカル・ガーデンを受験し、厳しい倍率をくぐり抜けて入学した。ところが1、2年目、梶谷は学校生活に苦悩していた。

梶谷は明るくフレンドリーで、外国人のなかでも物怖じしないが、日本人的な感覚も併せ持っている。授業が始まる10分前には着席し、前方の席で無駄話もせずに講義を受けた。ガーデンでの作業は、講師の指示を仰ぎ、それを守って誰よりも素早く、丁寧に作業した。それなのに、成績はクラス最下位だった。

なぜだ？　なんでたいした仕事もせず、ガーデンでお客さんと長々と喋っているやつのほうが俺より成績が良いんだ？

なにが悪いのかわからないまま、2年生に進級。同じように愚直に勉強と作業に向き合っていたら、また最下位になった。もう我慢できない、と学校の教師に直談判したら、明確に理由を突き付けられた。

「君は、ただガムシャラにやってるだけだけど、そういうことは求めてない。君がどうリーダーシップを持って、コミュニケーションをとって人をうまく使うか、それが大事なんだ。君はそれができてないし、何をしたいのか、何をしたのか、アピールもない。それでは成績を上げられない」

梶谷が正しいと思っていた生真面目さ、謙虚さ、勤勉さがすべて否定された瞬間だった。それは、日本人としてのアイデンティティを否定されたようなものだった。梶谷は学校で唯一のアジア人で、ほかの29人の生徒も講師も欧米の白人だった。学校で差別を感じたことはなかったが、この時は根本的な考え方の違いに唖然とした。衝撃的な事実として「これが〝白人〟の考え方か」と身に染みた。

もしほかに白人以外のクラスメートがいたら、「〝白人〟は理解できない」と愚痴ることもできただろう。しかし、その相手もいない。3年生になった梶谷は、ひとりでひねくれていても仕方ない、郷に入れば郷に従えと〝白人〟になり切ることにした。それは、日本食を食べるのを辞めるほど徹底したものだった。

ハーブガーデンの管理を任された梶谷は、自分の手を動かすことよりも、同じチームの1、2年生に指示を出すことを意識した。そして、普段の生活から自分の意志、やったことの成果を積極的にアピールした。その変貌ぶりに、梶谷にダメ出しした教師もいたく満足げだったという。成績もアップした。

こうして1年間、〝白人〟になりきった梶谷の胸に去来した思いは「疲れた」。

「3年目に初めて評価されて、なるほどこういうことか、日本ではこういう考え方がないから良い経験になったと思いました。でも、本当の自分じゃないからしんどいんですよ。これをずっと続けると思うと恐ろしかった」

1年間、良くも悪くも完全燃焼した梶谷だが、そろそろ日本に帰ろう、とは思わなかった。梶谷はボタニカル・ガーデンを「世界中からトップクラスの植物オタクが集まる学校」と評する。そのエリートオタクたちと生活し、勉強しているうちに、自分の知識や技術が明らかに高まったことを実感していた。例えば英語だけでなく、ラテン語も身に着けた。植物の名前は各国で異なるため、学校では植物についてラテン語の学術名で表すし、植物の話をする時はラテン語が必須なのだ。

自分の成長を自覚した梶谷は、さらなる高みを目指してロンドンに向かった。そこには世界一と名高い植物学校がある。ボタニカル・ガーデンと同じ1学年10人の狭き門だ。最終面接までこぎ着けた梶谷はしかし、その真っ最中に致命的な勘違いに気づいた。

「なんでこの学校を志望したの？　と聞かれたから、将来的に農業をしながらレストランを開いて、自分が作ったものをレストランで出したい、と答えたんです。そしたら、うちは学者を育てるところだから多分違うんじゃないかなと言われて（笑）」

もともと5時間予定されていた面接が、なんと5分で終了。わざわざロンドンまで来たのに……という呆れと後悔のなかで、面接で発した自分の言葉を反芻して気づいた。

「そっか、俺、農業やりたいんだ」

ちょうどこの頃、農園を継いでいた梶谷家の次男が経営を離れ、両親も「そろそろ閉めようか」と考えていた時期だった（梶谷の父は余命宣告が嘘のように今も健在だ）。

それなら俺がやろうと、２００７年、梶谷は帰国した。14歳で日本を離れてから、13年の月日が経っていた。

「香り？　いらねえよそんなもん」


両親と次男が経営していた頃の梶谷農園は、商品の9割を市場に卸していた。跡を継ぐことになった梶谷は、市場に挨拶に出向いた。

「何を作ったらいいですか？　何を求めていますか？」

新たな一歩にやる気をみなぎらせている梶谷に、関係者の視線は冷たかった。

「安くして、安定供給と見た目、それだけでいいから。それだけ頑張ってくれたら買うから」

は？　耳を疑った梶谷は反射的に反論した。

「それ、僕が思ってたのとぜんぜん違うんですけど。僕が海外で見た農家は、そういうのと正反対なことをしてました」

ここからは、売り言葉に買い言葉。

「おいお前、何を言ってんだ。ただ安くて、安定してきれいなものを出せばいいんだよ」

「それ以上は求めてないんですか？　香りは？」

「香り？　いらねえよそんなもん」

「え、ハーブなのに？」

「だから、安さ、安定、きれい、その3つをちゃんとやればいいんだよ」

市場の関係者は、そう言い残して姿を消した。腸が煮えくり返っていた梶谷は、帰り道には何か手を打たねばと考えていた。

「これはやばいなと。この分なら、値段も叩いてくるだろうと思いました」

市場を通さないとなると、自分で卸先を開拓しなければならない。しかし、長い海外生活から帰ってきたばかりの梶谷に、ハーブを買い取ってくれるような知り合いはいない。

どうしよう……と散々頭を悩ませていた時、読んでいた本からアイデアが降ってきた。

その本には、日本酒の蔵元を継いだ人物が新しい商品を作った時にパリに持っていき、三ツ星レストランに卸すようになったことで、日本でも評判になったと書いてあった。

それなら、パリにハーブを持っていこう！

この時、狙いを定めたのは、超人気の三ツ星レストラン、アストランスのシェフ、パスカル・バルボだった。

「料理が現代風の軽い感じで、野菜が大好き。世界に1店舗しかないからいつも店にいる。それに、ここに野菜を卸している農家もパスカルも父の知り合いだったんです」

そう、父親と巡った農家と星付きレストランのツアーが、ここで役に立ったのだ。連絡を取ると、パスカルは快諾した。

「日本で作られたハーブ？　興味あるからぜんぶ持ってきて。料理してやるから」

アストランスで梶谷を歓迎したパスカルは、梶谷が持参したハーブを口にして、いろいろと感想を伝えてくれた。帰国した梶谷は、厨房で一緒に撮った写真にパスカルの「こんなおいしいハーブは初めて食べた」というコメントを加えて、ポストカードを作った。そして、このカードに梶谷農園の紹介とメッセージを添えて、日本全国のシェフに送付した。カナダで学んだ「アピールしなければ気づいてもらえない」を実践したのだ。

最初の顧客が三ツ星に

同時に、梶谷はひとりのシェフにサンプルを送った。品川のフレンチ「カンテサンス」のオーナーシェフ、岸田周三だ。パリに行った時、パスカルに「誰か紹介してほしい」と頼んだところ、かつてアストランスで修行していた岸田とつないでくれたのだ。梶谷の記憶をもとに、ふたりのやり取りを再現しよう。

サンプルを受け取った岸田から、すぐに電話がきた。それは、いかに日本でハーブの仕入れに困ってきたかという話だった。

「フランスにあるような変わったハーブが欲しいのに、ハーブ農家がみんな高齢者で僕の言ってることが伝わらない。種まで仕入れて渡すのに、誰も作ってくれない」

植物の専門知識を学んできた梶谷にとって、新しいハーブを作ることは難しくない。

「僕、できますよ」と答えると岸田は喜び、こう伝えた。

「君みたいな農家を探してたんだ」

岸田は、梶谷に自分がどんなハーブを求めているのか、こと細かに伝えた。子どもの頃から世界の名店で食べ歩き、シェフがハーブをどのように使っているのかをよく知っている梶谷は、その期待に応えた。

このようなやり取りをしていた最中の2007年11月、日本で初めてとなる『ミシュランガイド東京2008』が発表された。そのなかで三ツ星が与えられたわずか8軒のレストランに「カンテサンス」の名前が入っていた。図らずも、梶谷の最初のお客さんが三ツ星レストランになった瞬間だった。

当時、日本初のミシュランガイドの発売は大きな話題になっていたから、カンテサンスも岸田もあっという間に時の人になった。その店と直接取引をしていたことで、梶谷にも追い風が吹いた。岸田からの紹介もあり、名だたる名店が次々と契約。それに比例して、梶谷が育てるハーブの種類も増えていった。料理人はみな目新しい食材を求めていて、自らアンテナを張って探している。梶谷農園のハーブが気に入った料理人から「こういうハーブはないの?」「こういうハーブは作れる?」と聞かれると、梶谷は国内外から種を仕入れて育てた。英語、ラテン語に通じた梶谷は世界中の文献から育て方を調べることができる。それが梶谷の大きな強みになった。

いま、梶谷農園で栽培しているハーブは100種類にのぼる。そこでは、「キノコの香りがするミント」や「コカ・コーラの香りがするハーブ」なども育てられているという。ほかでは手に入らないハーブを求めて、梶谷農園の取引先には日本のミシュラン三ツ星に輝く「HAJIME」、二ツ星の「レフェルヴェソンス」「ラシーム」など150店が名を連ねる。ウェイティングリストに載るレストランは、300軒を超える。

なぜ、ここまで圧倒的な支持を得ることができたのか。答えは、梶谷が天才と認めるアイゲンゼンファームのシェフ、マイケルのアドバイス「Be you」にある。「ほかと同じことをするな。〝自分〟であれ」という言葉を実践するように、梶谷は語学力と専門知識を活かして「ハーブハンター」になった。

梶谷は年に2回、家族で長期の海外旅行に出かけるが、それはハンティングの場でもある。現地では必ず、ミシュランとレストランの格付け『世界のベストレストラン50』に掲載されているレストランを巡る。世界のトップレストランでどんなハーブが、どのように使われているのかをチェックするのだ。そこでもし気になるハーブがあれば、その場で「これは何?」「どこで、誰が作ってるの?」「種屋を紹介してくれる?」と尋ねる。そうすると、どこのシェフも快く教えてくれるという。

「考えてみてください。大半の客は食べて帰るだけですよね。でも、シェフは料理に使うハーブの葉っぱ一枚にも意味を込めているんです。だから、わざわざ日本からきたハーブ農家の僕が質問すると、シェフは『この人はハーブにまで注目してくれているのか!』と喜んでくれます。キッチンにこい、実物を見せてやる、と言ってくれる人もいますよ」

世界で食べ歩いている梶谷によると、トップレストランにおける近年の流行りは、ローカルへの回帰。その国、その土地ならではの食材を取り入れ、季節や旬を大切にすることで「いま、ここでしか食べられない料理」を提供する。この傾向は、梶谷にとっても追い風になった。ハーブも、その土地に根差したものが使用されることが増えたからだ。

この流れのなかで、最近、梶谷が注目しているのはアジアや中南米。この地域は世界的にまだほとんど知られていないようなハーブや植物、作物の宝庫だという。

例えばどんなものがありますか？　という僕の質問に対する回答は、予想外だった。

「ハーブじゃないんですけどね。南米のアマゾンに『オッカ』というジャガイモがあるんです。普通、ジャガイモの葉っぱって毒があって食べられないじゃないですか。でもこのジャガイモは、葉っぱも実も食べられるんですよ。いま、テスト栽培してます」

ハーブだけじゃなくてジャガイモにまで手を広げてるんですか!?　と尋ねると、梶谷は、アハハッと笑った。

「一粒で二度おいしいし、面白いから」

梶谷によると、オッカを日本語で検索すると情報は皆無だが、ラテン語で検索するとたくさん出てくるそうだ。梶谷はそのラテン語の情報をもとに栽培している。

オッカの存在を梶谷に知らせたのは、付き合いのあるシェフだった。同じようにして、梶谷のもとには、日々、世界の珍しい植物や作物の情報がもたらされる。梶谷以外に栽培できる人がいないという信頼の賜物である。

自分で発掘してきたものと、ほかの人が教えてくれた情報をもとに、梶谷農園では毎年

10～20種類、新しいハーブや植物のテスト栽培をする。それを懇意のシェフに渡し、反応が良ければ本格的に栽培を始める。こうして梶谷は唯一無二の地位を築いた。

世界が欲しがるものを作る

１００種類のハーブを育て、日本中のレストランと取引をしていると書くと「忙しそうだな」と思う人も多いだろうが、彼の生活は実にゆったりとしている。

梶谷が学生時代に出会い、理想としていたユニークなファーマーたちを憶えているだろうか。彼らと同じように、梶谷はなによりも自由を大切にしている。農家は儲からない？ 農家は休みがない？ 農家はつらい？ そんなステレオタイプのイメージはガラガラと崩れていった。正直に告白すれば、「……転職しようかな」と思ってしまったほどだ。

週休２日。

勤務時間は午前5時から11時。

年商６０００万円。

年収１５００万円。

加えて、先述したように年に２回、家族で長期海外旅行に行く。

梶谷農園には研修生も含めてスタッフが10人いて、梶谷が休んでも仕事が回るようになっている。大事なのはそう、リーダーシップとコミュニケーションだ。

もし、梶谷が農園を拡大して生産量を増やせば、売り上げは伸びる。ウェイティングリストに名を連ねる300軒のレストランが、梶谷のハーブを欲しているのだ。しかし、そうしない。午前中に仕事を終えると、午後は家で本や雑誌を読んで過ごす。料理人に限らず、面白そうな人がいたら連絡を取る。タイミングが合えば、会いに行く。付き合いのあるシェフの店に、家族で食事に行くこともある。

常にオープンマインドで、いろいろな人とコミュニケーションを取り続けているから、梶谷のもとには人と情報が集まるのだろう。

ちなみに、海外のスターシェフたちも「出会い」を求めて訪ねてくる。

「彼らは、日本の食材にすごく興味を持っているし、自分の料理に使えるものを本気で探してるんです。でも、普通の通訳だと植物の共通言語のラテン語がわからないんですよね。僕はそれがわかるし、実際にいろいろ作ってるから、話を聞きに来るんです」

梶谷は「日本各地に、ここにしかない、という野菜やハーブがたくさんある」と語る。それが世界的に注目を集めているから、スターシェフだけでなく、投資家もやってくる。

「日本人は気づいてないけど、日本の農業のポテンシャルはすごいんです。日本の伝統野菜は日本で売ってもそんなに価値が変わらないけど、海外ならゼロがひとつ増えても売れますよ。有機野菜も同じ。海外のお金持ちって日本人と金銭感覚が違うから、日本の伝統野菜の有機栽培とか言ったら、もうなんぼでも出すよって感じですね」

この追い風を感じているからこそ、梶谷は日本の農家にもどかしい思いを抱く。

「ほとんどの人が、同じ土俵で競い合ってるじゃないですか。例えば、トマトの糖度が高い、低いっていうけど、腰抜かすほど美味いトマトって食べたことありますか？　日本は島国で珍しい植物がいっぱいあるし、日本の農家はまじめで世界で一番ぐらいの技術を持っています。だから、世界が欲しがるものを作れば売れるんですよ。でも、みんなよくある野菜を作って微妙な差を競ってる。それは本当にもったいないと思います」

これまで梶谷は、ハーブ農家としての本業に専念してきた。だが、日本の農家が日の目を見ないまま優れた技術が受け継がれずに消えていこうとしているのを目の当たりにして、どうにかしたいという想いが芽生えた。

そこで最近、知り合いのシェフを通じて、京都で希少な伝統野菜を作っている高齢の農家にコンタクトを取り、「後継者がいなくて、伝統が途絶えてしまうのはもったいない。

技術を教えてくれたら、僕が受け継ぎます」と伝えた。相手がいることなので先行きはわからないが、この関係がうまくいけば、ほかの伝統野菜も広島で育ててみようと考えている。

海外に市場はある。コネクションもある。なにより、スーパースターファーマーは日本の農業が海外で勝つためにどうするべきか、ヒントも持っている。Be youだ。

第二章　生産・流通のシフトチェンジ

世界が注目する京都のレタス工場

世界最大規模の植物工場プラント

野菜の価格は、天候に左右される。猛暑、冷夏、豪雨、台風、長雨、雪などによって収穫量が減ると、野菜の価値は高騰する。収穫量が少なく価格が高い国産野菜は、大量の野菜を使う食品加工、外食産業の企業にとって頭の痛い問題だ。その結果、加工用、外食用野菜の輸入量が激増している。財務省のデータによると2018年の生鮮野菜の輸入量は前年比14%増の95万2175トン、冷凍野菜輸入量は前年比4・3%増の105万3574トン。冷凍野菜は2年連続で過去最高を更新した。

近年の不安定な気候は、生産者だけではなく、食品加工、外食産業界にとってもリスクになっているのだ。このリスクをチャンスに変えようと、今、様々な企業が「植物工場」に参入している。電子部品商社のバイテックホールディングスは現在5工場を稼働させており、レタスを中心に1日8万株を生産。セブンイレブンの首都圏、九州エリアで販売されるサラダの一部に採用されている。トヨタ自動車系のプレス部品メーカー・豊田鉄工は、2018年5月、愛知県豊田市で植物工場「アグリカルチャーR&Dセンター」を稼働させた。ベビーリーフを年30トン生産し、愛知県内のスーパーや外食店などに出荷する計画だ。

亀岡のレタス工場（提供：スプレッド）

三菱ガス化学は、20億円超を投じて福島県白河市に1日2・6トンのリーフレタスを生産する植物工場を建設中で、2019年秋の稼働を目指す。セブンイレブンは、プリマハム子会社でセブンイレブン向けの食品を製造しているプライムデリカと共同で、60億円を投じて同社向けの野菜を生産する工場を設立。2019年2月より収穫が始まった。

同じ月には、独立系ベンチャーキャピタルの日本アジア投資が森久エンジニアリングと共同で兵庫県丹波篠山市に建設していた植物工場が竣工。業務用の野菜、年間約200トンの生産を予定する。

また、関西電力、建材・マテリアルメーカー大手の三協立山など植物工場のプラントシステムの開発、販売を始める企業も相次ぐ。

しかし、このブームがどういう結果を導くのかは、まだ先は見えない。植物工場は「黒字化が難しい」事業として知られるのだ。

「植物工場」という言葉でイメージするLEDなどを使った未来的な「人工光型植物工場」は、2009年に農林水産省と経済産業省が150億円の補助金をつけたのをきっかけに増え始めた。2011年の64カ所から7年で183カ所にまで伸びている。この間も異業種からの参入が相次いだが、日本施設園芸協会の調査によると、このうち黒字化しているのはわずか17%。人件費や光熱水費がネックになっているとみられ、撤退する企業も少なくない。2019年5月には、日本郵船の子会社である郵船商事が運営する福井県敦賀市の植物工場が実質稼働わずか3年で撤退し、ニュースになった。

この厳しい業態のなかで、2013年に黒字化に成功したのが、スプレッド。京都で野菜を中心とした生鮮食品の流通、販売を手掛け、売り上げ300億円を超えるアースサイドグループの子会社で、2006年より京都府亀岡市のプラントで日産2万1000株、2018年より世界最大規模の植物工場プラント「テクノファームけいはんな」で日産3

万株のレタスを生産している。

なぜ、黒字化できたのか。一代でアースサイドグループを築き上げ、スプレッドの代表として自ら植物工場を立ち上げた稲田信二を訪ねて亀岡に向かった。

昔ながらの市場構造への疑問

亀岡駅からタクシーで10分ほどの幹線道路沿いに、亀岡工場はある。外見は何の変哲もないが、その内部は「未来」を感じさせる。ガラス越しに見る心臓部はひと気がなく、薄暗い部屋にズラーっと並ぶ棚と、その上に等間隔に並ぶレタス。LED照明に照らされた緑の葉っぱが、鮮やかで眩い。思わず見とれてしまうようなこの工場を一から立ち上げて軌道に乗せた稲田だが、キャリアのもとをたどれば、宝石の鑑定士だった。

尼崎工業高校時代、琥珀のなかに古代の虫が閉じ込められていたという雑誌の記事を見て鉱物に関心を持った稲田は、卒業してから2年間、アルバイトをしながら宝石鑑定士の資格を取得。宝石を扱う中小企業に就職した後は、およそ6年間、宝石の仕入れ、販売を担当した。

しかし、バブル崩壊とともに宝石がまったく売れなくなり、転職を決意。その時、たまたま野菜を扱う企業の求人を見つけたのが縁で、「人々の生活に欠かせないものは『食』だ！」と野菜を扱う青果卸売会社に入る。１９９０年のことだ。

「宝石とは正反対の商売で驚きました。宝石は単価が高く、なかなか買い手はいません。それに対して野菜は単価は安いんですが、たくさんの数が瞬時で売れる。それに宝石は毎日の生活には必要ありませんが、野菜はすべての人に必要な商品ですよね。景気にも影響されにくいし、ものすごく可能性のある業界だなと感じました」

やる気満々で仕事をおぼえた稲田だが、そのうちに昔ながらの仕組みや業態に疑問を抱くようになった。生産者が農協に卸し、農協から仲卸へ、仲卸から小売りへという野菜の流れは、戦後から数十年も変わっていない。こうして問屋を通せば通すほど、コストがかかる。その一方、時間がかかって野菜の鮮度は落ちていく。しかも、野菜は炎天下で扱われていた。

「小売りは品質や安全性にこだわるのが当たり前なのに、野菜は適当に扱われている。なんで非効率に右から左に流すことばかり考えて、野菜の質を大切にしないのかと疑問に感じました」

もうひとつ、矛盾を感じたことがある。野菜が豊作になる年は、天候や気候が合っていたということだから、質も良い。しかし、ただ「たくさんある」というだけで価格が落ち、価格調整で大量の野菜が捨てられる。反対に、天候不良などで収穫量が減ると、それだけで価格が上がる。野菜のできが悪くても、引っ張りだこになる。

「これは理想的な流通構造じゃない」と思うようになった稲田は２００１年に独立し、京都で卸売市場向けの青果流通会社トレードを立ち上げた。これは各都市、各市場で需給のバランスによって野菜の価格が異なることに目をつけたビジネス。例えば京都市中央卸売市場でレタスが余って価格が落ちていれば大量に買い付けて、すぐにレタスが不足していて価格が上がっている首都圏の市場に転売、転送することで野菜の価格の平準化を目指したものだ。社員は朝6時から全国３００の卸売市場の大根やキャベツなど約20品目の値動きをチェックして、電話で売買する。起業の翌年には買い付けた野菜を仲卸に転送する事業を担うディール、グループ全体の配送を行うクルーズを設立。これによって、自社で買い付けた野菜を翌日に届けるシステムを構築した。この事業がヒットして、創業から18年にしてトレードだけで年間２１１億円を売り上げる企業に成長させた。

この事業を通して関心を抱いたのが、野菜の生産だった。

「農家をまわって話をすると、将来、息子には継がせたくないという人が多かった。儲からないというのが大きな理由です。さらに、温暖化のせいか、昔に比べて収量も減ってきていると聞きました。野菜を仕入れて売っているので、作り手がいなくなったら我々の仕事の価値がなくなるという危機感が生まれて、日本と世界の農業について調べたら、世界的に農業をする人が減っていたり、環境汚染などの課題がある。自分はモノづくりをしたことがなかったけど、売るのは得意だから、つくる仕事にも携わっていきたいと思いました」

始まりはマンションの一室から

農業参入に際して、稲田は、最大の不安要素である天候に左右されない植物工場の設立を考えた。そして2005年、マンションの一室で実験的に野菜を育て始める。当時、参考にできるレベルの植物工場はなかったので、独学で養液栽培をスタート。トマト、大根、ブロッコリーなどを育てるなかで、短期間で育ち、需要の伸びが期待できる野菜としてレタスに目をつけた。大胆なのは、量産化の目途もないまま、同時進行で亀岡プラントの建設に着手したということだ。

「レタスを選んだのは、野菜の流通を商売にしていてサラダ商材のメインとなってきていることがわかったので、間違いないなと考えたから。でも少ない数ではお客様から相手にされないんですよ。ある程度、大きな数であれば評価される。生産に携わるなら、最初からしっかり数をつくろうと思いました」

1年後、納得できるレベルのレタスができると新たにスプレッドを設立し、竣工したばかりの亀岡プラントでの量産を開始した。連続起業家らしいスピード感だが、大きな誤算が待っていた。マンションの一室で作るのと、高さ12メートル、横30メートルのプラントで作るのとではまるで勝手が違ったのだ。当初収穫したレタスのなかで、商品になるレベルのものは30%程度。光の当たり具合が問題なのかと蛍光灯をたくさん当てたら、レタスが小さくなってしまったり、カルシウム不足の時に発生するチップバーン（葉の先が枯れる）という生理障害が発生した。養液が問題なのかと養分を変えてみたり、バランスを変えてみてもダメだった。

プラント内の温度や湿度も、外部環境に影響されて一定に保つのが難しかった。例えば、37度の夏の日には冷房がフル稼働するが、そうなると乾燥して湿度を保つのが難しい。寒い日もまたしかり。稲田は扇風機一台をつけたり、消したりするような細かな作業を積み重ね、野菜の生育に最適な組み合わせを探っていった。

「ほかの植物工場は恐らく35日ぐらいで収穫すると思いますが、亀岡プラントでは美味しくて大きいレタスを作りたかったので、しっかり育てるために収穫までに40日程度かけます。美味しくするためには光、水、空気のどれかが偏ってはだめで、トータルバランスが大事なんです。でも最初はそのポイントがわからなかったので、何度も実験しました。どこのポイントでも同じ温湿度、光の状態、風の流れを実現するのが非常に難しかったですね」

植物工場の最も大きな経費は人件費だ。野菜のコントロールだけでなく、スタッフの動きも改善に改善を重ね、最少の人数で稼働できるようにした。

いよいよ販売するにあたって、グループ会社の強みが生きた。植物工場の大きな課題のひとつは流通網の構築と言われているが、グループ内には青果物流事業のクルーズがあるので、運送費は通常よりも抑えることができる。最も重要な販路の開拓にも手こずったが、東日本大震災以降に潮目が変わった。

植物工場の野菜は温度や湿度、養液の量や濃度などがすべて厳密に管理された、外部環境から隔絶された部屋で育つため、病虫害のリスクが極めて低く、農薬を使う必要もない。震災後に食の安心、安全を求める消費者が増えたことで、スーパーなど小売りが植物工場のクリーンな野菜を積極的に取り扱うようになったのだ。

しかし、スプレッドの無農薬栽培のレタスは一株198円で、150円前後のほかの植物工場よりも割高。この価格を維持しながら販路も広げていくために、稲田は小売業者と消費者、双方を意識した策を取った。

「スーパーなどには店頭で一日に売れる量しか納品しないようにしました。物流コストは毎日かかりますけど、そうするとお店のロスが減るじゃないですか。1箱6個入りの最小単位で納品もしましたよ。そうするうちに、お店側も毎日発注をくれるようになりました。さらに、最終的なお客さんはバイヤーじゃなくて消費者なので、うちの社員が店頭で販促活動、試食販売を続けてきました。植物工場のなかでも自社の社員で販促を続けているのはうちだけじゃないでしょうか」

この話を聞いて、思わず「地道ですね」と呟くと、「地道なんです」と頷いた。

「あえて面倒くさいことをやってそこにポジションを獲得すると、ある意味、ブルーオーシャンなんです。ほかがやらないので」

店舗と消費者の都合やメリットまで考えたことで、安心安全かつ美味しいレタスという評判が広まり、販路は徐々に拡大。現在2400店舗に卸し、売り上げは8億円を超える。

ちなみに、一般的な採算ラインは歩留まり70％程度だと言われているなかで、スプレッドは育てたレタスの97％を出荷している。

世界初の自動化プラント

これまで主にスーパーを中心とした小売店に卸していたが、最近では外食やコンビニからの要望も増えているという。植物工場のレタスは割高ながら、1年間を通じて価格も栄養価も変化なく、安定的に生産できる。外食やコンビニにとって、レタスの価格の乱高下でその都度、レタスの確保に奔走したり、急いで輸入を増やしたりするよりも計算が立つからだ。健康意識の高まりのなかで、外食やコンビニでも「無農薬」は消費者に対する重要なアピールポイントになっている。

この需要の高まりを受けて同社が選んだ道は、日産最大3万株のレタス栽培を自動化した世界初の植物工場「テクノファームけいはんな」の建設だった。2018年秋に稼働したこの工場は亀岡プラントをさらに進化させたもので、全工程の約5割を自動化。これまで人間が担ってきた搬送、植え替え、栽培などは機械が行うため、人件費は50％削減される。さらに循環型のシステムで、栽培に使用する水は90％再利用。このようにほとんど自動化された植物プラントで本格的な生産をしているところは世界でも例がないという。

「農産物は単価が安いので、自動化するとコストが合わないだろうと言われます。うちは200円のレタスを作るための自動化という発想で、販売から逆算してなるべくシンプルに設計しました。亀岡プラントで培ったノウハウ、例えば光と風と水のバランスなどをベースに、より植物の成長が早まるような環境制御を実現できたので、35日ぐらいで生育します。なおかつ、より重量が大きく育つ仕組みになりました。私たちのように普通の工場で黒字化できないと、自動化という次のステップには進みづらいと思います」

稼働から1年、外食、中食、コンビニ業者からの引き合いが強く、採算ラインの歩留まり75%を超え、2019年度内に黒字化を見据える。稲田はさらに、京都の木津川市に作ったこの自動化プラントのフランチャイズ展開を計画。将来的には日産50万株、売り上げベースでレタス市場の10%確保を目指すとしている。その第一歩として、2018年5月、JXTGエネルギーグループのJリーフが国内第一号パートナーシップとして発表された。この工場「テクノファーム成田」は2019年6月に着工しており、2020年の稼働を見込む。ほかにも複数の企業と具体的な話を進めており、50万株はそう遠くない未来に実現すると自信を見せる。

ゆくゆくは、このネットワークを活かし、あらゆるデータをビッグデータ化してＡＩが環境の制御、作業スピードなどを最適化することを目指す。これまでプラント内の環境の変化は人間が対応していたため、１００個のプラントがあれば１００人の熟練オペレータが必要だった。しかし、この仕組みであれば一人の管理人がいればことたりるようになる。

世界に目を転じると、ＩｏＴなど最新の技術を活用したグリーンハウスと呼ばれる温室栽培ではオランダが名高いが、そのオランダも自動化プラントの研究では出遅れているという。世界的に見て実用化レベルのプラントを持つ企業がほぼないため、海外からの関心は日本よりも高い。

「テクノファームけいはんながてきてから、海外メディア、海外企業の視察が多いですね。人間の作業は誰にでもできるレベルなので、実際にどこでもこの工場を稼働できるんですよ。既に北米、欧州、中東で具体的に話を進めています。社内に海外戦略のチームを作って、海外でも通用するようなビジネススキームを組み立てているところです。海外では事業パートナー、販売のパートナーも必要なので、そこはジョイントベンチャーなども視野に入れて計画しています」

なぜ、世界がスプレッドに注目するのか。その理由のひとつとして考えられることがある。世界的な農地の劣化だ。これは、さまざまな国連の機関が繰り返し指摘している。

2011年、国連食糧農業機関（FAO）は世界の土壌の25％が「著しく劣化」、44％が「中程度劣化」しているという調査報告書を発表した。主な要因は浸食、砂漠化、気候変動で、農地の生産能力も低下。「過度な人口圧力と持続不可能な農業慣習のもと、生産能力の低下に歯止めがかからないというリスクに直面している」と警告している。

2015年、国連大学水・環境・保健研究所（UNU-INWEH）が、世界のかんがい地の5分の1が塩害によって劣化しており、年間およそ273億ドルの経済損失と試算している。塩害の影響を受けている土地は、現在、フランスの国土に匹敵する約6200万ヘクタールに広がっているとしている。

2017年、国連砂漠化対処条約（UNCCD）は生物多様性の喪失や気候変動の影響もあって土地資源の劣化が急速に進行し、地球上の植生の約20％に相当する地域において土地生産性が下落し、約13億人が劣化した農地からの生産物で生計を立てていると推定した。

これらの情報を見ても、農業は土地の広さや人件費の安さだけで考えられない時代を迎えていることがわかる。そのなかで、塩害も砂漠化も気候変動も無関係な自動化プラントが世界中で稼働する姿が目に浮かぶだろう。

今、世界最先端の技術が日本にある。これは、未来の農業、いや未来の日本にとって大きなアドバンテージではないだろうか。

農業界に新しいインフラを！　元金融マンが始める物流革命

生産者の視点を欠く〝古い流通〟

日本では、長らく農産物の流通ルートが固定化されてきた。農林水産省の資料（「国内外における農産物流通等の状況に関する調査について」／2018年9月）を見ると、現在、国内で生産される野菜と果物の81％が農協などの出荷団体から卸売市場、スーパーなどの小売業者という順路で出荷されている。驚くべきことに、この割合は昭和50年代の86％からほとんど変わっていない。人口増加、大量生産、大量消費時代に構築され、最適化されてきたこの仕組みは、しかし、最も核となるべき生産者の視点を欠いていた。

5500人の生産者と7500軒のレストランのマッチングを手掛けるプラットフォーム「SEND」を展開するベンチャー、プラネット・テーブルの創業者、菊池紳は「既存の流通システムが生産者のモチベーションを下げてきた」と指摘する。その理由は以下だ。

生産者と話す菊池氏（左。提供：プラネット•テーブル）

すべての項目の冒頭に「質の高い野菜を作っても」という言葉を入れるとよりわかりやすい。

- 自分が作った作物を誰が食べているのか、顔が見えない
- 農協などに卸すとほかの生産者の作物とまとめて出荷される
- 売り場の都合に合わせて、未熟な状態で出荷しなくてはならない
- 「中抜き」によって最終的に生産者の手取りは販売価格の30%程度しかない
- 作物の味や香りではなく、市場が求める色、形、大きさが重視され、基準にそぐわない作物は廃棄せざるを得ない
- 豊作になると、市場価格を守るために「生産調整」という名目で大量廃棄される

生産者の高齢化や後継者不足が問題視されて久しいが、ここに挙げたような課題はあまり話題にあがらない。なぜ、若者が農家を継ぎたがらないのか。菊池の指摘を見れば、やる気のある生産者が報われないシステムができ上がっていることがわかるだろう。

一部の生産者はこのシステムからの脱却を目指して企業と直接取引を始めたり、消費者に直販するルートを開拓しているが、個々の取り組みでは限界がある。そこで菊池は「個性的で美味しい野菜を作っている生産者と、それを求めるレストランをつなげよう」と2015年8月、「SEND」を立ち上げた。

仕組みはシンプルだ。レストラン側は、朝6時までに300種類ほどの農作物が掲載されている専用ページから希望の食材を注文する。食材は個々の農家に紐づいていて、誰が作ったものかが一目でわかる。食材は、最短で受注後数時間から遅くとも翌日にはお店に届く。

もうひとつの流れとして、「SEND」側からも独自に農家に食材を発注する。これは気温、天気、過去の注文状況、レストランごとの立地、客層、席数など50項目ほどをデータ化し、分析した独自の需要予測システムに基づいて行われる。

２０１９年8月で丸4年を迎えた「ＳＥＮＤ」は、およそ５５００人の生産者と東京の約７５００軒のレストランを結ぶプラットフォームに成長した。稼働率も生産者が90%、登録店が80%と高い数字を保つ。

4年間でこれほどのユーザーを獲得できたのは、なんといっても生産者にとってメリットが大きいからだ。注文が入った野菜はいったん「ＳＥＮＤ」で全量を買い取り、販売価格の8割を生産者に支払う。これによって生産者は店舗側との細かなお金のやり取りが省かれるうえに、ほかのルートを通すよりも時には1・5倍から2倍の収入になるという。さらに、「ＳＥＮＤ」は自前で物流システムを構築しているので、複数の注文を受けている生産者も一括して「ＳＥＮＤ」宛てに配送すればいい。このお得な仕組みによって、ロコミで生産者のユーザーが広がった。

レストランにとっても、多彩な生産者が参加するプラットフォームは魅力的だ。「最短で朝6時までに注文すれば当日着」という独自の配送システムも大きなメリットになっている。利便性が高いだけではない。一般的な市場を通すルートでは、出荷から店頭に届くまでに4日近くかかると言われる。前日や当日に採れたフレッシュな野菜は価値が高い。

今やクリエイティブな生産者のための新しい物流システムとして浸透している「ＳＥＮ

D」。その挑戦は、一台のハイエースから始まった。

投資ファンドから祖母の畑へ

菊池のキャリアは一見、農業とは縁遠い。慶應義塾大学卒業後、「経済の仕組みを知りたい」とアメリカ系の金融機関に就職。数年して誰もが名を知る外資系の投資銀行に転職し、その後も戦略コンサルティング、投資ファンドともっぱら金融畑を歩んできた。このエリート人生を変えたのは、「一番稼ぎ、一番飛び回ってた時」にかかってきた一本の電話だった。

投資ファンドで働いていた28歳のある日。山形で農家をしていた祖母から電話があった。祖母は「(農家を)継いでくれない?」と菊池に尋ねた。受話器を握る菊池の脳裏には、子どもの頃から大好きなおばあちゃんと格好の遊び場だった畑が思い浮かんだ。返事に詰まった菊池は、後日、山形に向かった。

「とりあえず、野菜づくりを手伝おう」

畑に足を踏み入れるのは、いつ以来のことだろう。土にまみれ、黙々と農作業をしていると、子どもの頃、立派に実った作物を見てワクワクしたり、その作物をもいでガブッとかぶりついた時のドキドキを思い出した。それは目もくらむような大金を動かす金融の仕事とはまったく異なる静かな高揚感だった。

その感覚を求めて、投資ファンドや企業支援の仕事をしながら、時間を見つけては山形に通う日々が始まった。菊池は、当時の自分を「半農半投資家」と表現する。

「仕事に割いている時間でいえば圧倒的に投資家の方が長かったんですけど、心のなかでは農業の存在感がすごく大きくなっていました。仕事も充実してたけど、農業には抗えない楽しさがあって、どんなに疲れていても山形行きの新幹線に乗ってしまう。それって凄まじい価値だなと思ったんですよね」

日ごとに農業への情熱は高まり、まるで遠距離恋愛をしている彼女に恋い焦がれるように、山形に想いを馳せていた。

一方、東京での仕事に戻った時に感じたのは、いくら飛び回って、どれだけ稼いでいても自分は代替可能という現実だった。ほとんどの上司の目標は、アーリーリタイア。視点を変えれば、できるだけ早く辞めたいということだ。自分にとって一生続けたい仕事はなにかを問い続けた時、道は決まった。

「僕は農業とか食べ物に関わることが好きだから、それを仕事にしたいなと思ったんです。

初めてじゃないかな、自分の仕事を『好き』で選んだのって。それまでは、成長したくて、認められたくて選んだ仕事だったので」

「面倒くさいビジネス」だからやろう

誰もがうらやむような高収入を捨てて29歳で独立した菊池は、産地と企業をマッチングする仕事を始めた。なぜ生産者にならなかったのか。それは、山形に通うようになって、冒頭に挙げた課題が見えたからだ。

「これまでの農業は、どう考えてもモチベーションが上がらない仕組みになっている。だから衰退しているんじゃないか」

金融マン時代、コンサルティングや投資の仕事を通してうまくいっている企業と落ちていく企業、それぞれの要因を分析してきた菊池が、外から農業を見た時に最も納得がいかなかったのは本来、主役であるはずの農家がないがしろにされてきたことだ。例えば、成長しているＩＴ企業は、何よりもエンジニアを大切にする。エンジニアがいなければ、なにもできない。優秀なエンジニアを雇わなければ、成長できない。農業はさながらエンジニアを安値で酷使するブラック企業だった。

そこで菊池は、農家のモチベーションを下げる大きな要因になっている、既存の流通システムとは別のルートを開拓しようと考えた。課題は、情報の非対称性だった。食品会社が大量のレタスを求めている。農家も対応できる生産能力がある。それなのに、既存の流通から外れると、誰にオーダーをすればいいのかわからない。お互いに存在すら知らないのだ。

菊池は両者を単純に結び付けるだけでなく、ユニクロなどが取り入れている、生産から販売まで一気通貫で構築するSPAモデルを農業界にも構築しようと、企業と大規模農家のパートナーシップの構築をサポートした。しかし、ある時に気づいた。これは、自分がやりたかったことじゃない。

「僕が当時お付き合いしていたのは、大きな食品会社や食品加工会社だったんですよ。当然、生産者も規模の大きなところになりますよね。でも、ばあちゃんの家は山間地の小さな農家だったし、周りもそうでした。僕がいまの仕事をいくら頑張っても、僕が将来、ばあちゃんの畑を継いで生産者になる時に自分を支える仕組みになっていない。僕は食べ歩くのが好きで個店のレストランを経営しているシェフに知り合いが多いんですが、彼らも農家とつながりたいと言っているのに、それもできていない。あれ、身の回りの人たちの役に立ってないぞ、と」

この気づきを経て、菊池は方向転換した。最初は、小さい農家と個店のレストランを繋ぐプレーヤーを探して支援しようと考えて、探し回った。ところが、これというプレーヤーは見つからなかった。理由は明白だ。菊池が思い描くプレーヤーになろうとすると、ユーザーとなる農家とレストランを自力で開拓しなければならない。そのうえ、開拓しても少額の取引がベースになるから、たいして儲からない。農家が少量の農作物を個々に配送をしていたら配送コストのほうが高くなるから、自前の物流システムも必要になる。考えれば考えるほど「面倒くさいビジネス」だった。

しかし、面倒くさいからこそ、誰もやっていないことでもあった。菊池は原点に立ち返り、身の回りの人たちが喜ぶ仕事をしようと、２０１４年、プラネット・テーブルを立ち上げた。

廃棄率は１％以下

菊池が最初に購入したのは、冷蔵庫とハイエース。個人的に付き合いのあった生産者20軒、レストラン20軒に協力を仰ぎ、自力で注文をさばいて配送することから始めたのだが、あっという間に破綻した。

「事務が回りませんでした。電話とＦＡＸで注文がバラバラ入ってくるし、発注もバラバラになる。食材の到着のタイミングもずれる。これは早急にＩＴ化しなきゃと思いました」

菊池はすぐに動き、自己資金と初期の投資家から得た数百万円を投じて、２０１５年８月、生産者と買い手を結ぶプラットフォーム「ＳＥＮＤ」をつくり上げた。「事業の成長や変化に合わせてどんどん進化させよう」と考え、当初は受発注の手間を削減することを重視した。もうひとつ、菊池がこだわったのは徹底した生産者の視点だった。いくら便利なサービスをつくっても、生産者が利用してくれなければ意味がない。だから、注文が入った時には生産者のメールやユーザーアカウントに一斉通知が入るだけでなく、自動的にＦＡＸも送られるシステムにした。

「ＩＴシステムって使えない人たちが遅れてるみたいなイメージがあるじゃないですか。でも逆に、ＰＣやスマホを開かないと確認できませんって不便じゃないですか？　必要な情報が伝われば、どんなインターフェースでもいい」

需要予測システムも、生産者のリスクを軽減するために開発したものだ。

従来型の流通だと、農家はできた作物を市場に送り、市場が価格を決めてスーパーなどに販売する。この販売金額をもとに、生産者のもとには手数料を引かれた料金が支払われる。この仕組みだと、需要が落ちたり、供給過剰になった時に市場価格が下がる。そこからさらに手数料を引かれると、生産コストを下回る雀の涙ほどの収入しか入ってこないということも実際に起きている。これを農家に支払われる補助金で補っているのが現状だ。

そうではなく、製造業などと同じように「ＳＥＮＤ」の側で生産コストを織り込んだ生産者が納得する価格設定をする。その後にレストラン側の需要予測をして、必要な分量を農家に発注する。発注した野菜は、すべて買い取るという流れにした。この場合、需要予測の精度が問われるが、先述したように50項目ほどのデータを解析した予測の精度は非常に高く、買い取った野菜の廃棄率はわずか０・８８％に抑えられている。

「ＳＥＮＤ」を始めた当初、プラネット・テーブルは資金調達、登録者集めに苦労したという。傍から見れば「面倒くさいビジネス」であり、投資家にとっては「儲からないビジネス」に見えていたからだ。実際、「ＳＥＮＤ」が稼働してからしばらくは生産者、レストランの登録数も増えず、売り上げも些細なものだった。しかし、半年ほど経ってからぐんぐんと登録数が伸び始め、右肩上がりになった。

「登録者を集めるのは本当に苦労しました。生産者と話をしていて思ったのは、傷ついてるんじゃないかということ。過去、自分で直接取引に乗り出して失敗した人も少なくないと思うんですよ。そういう人たちから信頼してもらうのは簡単じゃありません。でも、生産者の課題を解決したり、生産者の希望に応えられるサービスとして認めてもらえたことで、生産者が生産者を、シェフがシェフを紹介してくれるようになりました」

最初はフルーツトマトしか商品がなかったが、今では一般の市場には流通していないようなユニークな野菜も数多く出品されている。菊池は農家を「感覚的にはクリエイターと同じ」と表現する。彼らは、質の高さを追求すると同時に好奇心から「ほかにないもの」を作ろうとする。それまでは売り先がなかったような珍しい野菜が「SEND」で販売できるようになったからだ。現在、スーパーにはあまり並んでいないような目新しい野菜が、「SEND」の4割を占めるという。そのプロモーターとして活躍しているのが、実は「SEND」の配送スタッフだ。

「SEND」では配送スタッフにも情報共有がなされていて、生産者から「つくってみた」と珍しい野菜が送られてくると、レストランに注文の品を届ける際に一緒に持参して、「試してください」とお願いする。お客さんを飽きさせないように常々目新しい食材を求めているシェフたちにとってもその提案は貴重で、気に入った野菜は追加で注文が入る。

「例えば山形には節々にムカゴ（肉芽）がついているミズという山菜があります。これが一見、グロテスクなんですけど、茹でるとめちゃくちゃ美味しくなるんです。これをシェフに配ったら美味しいと評判になって、商品にしたら増産に次ぐ増産。農家さんは『こんなに売れたことがない』と驚いていていました。ほかにも、こんなん売れるかっていう食材が来るんですけど、AIにはできない人間の提案は予測を超えますね。レストランからも、SENDはよくわからない野菜を持ってくるけど、食べてみたら大当たりのものが多いから一旦取ってみるという声をよく聞きます」

配送スタッフは、シェフから「こんな野菜はないか？」「こんな野菜が欲しい」というニーズを聞き取る役目も担っており、「SEND」にとって不可欠の戦力になっている。これも自社で物流を手掛ける強みだ。

「SEND」で売られている商品は、八百屋で買うよりも高い。その価格には「生産者により高い収益をもたらすのがSENDの役割」という菊池の想いが反映されているからだ。それでもレストランの登録数が生産者の登録数を上回るペースで増え続けているのは、シェフのニーズも見事に満たしているからだろう。

試行錯誤を重ねて築きあげた「ＳＥＮＤ」は、生産者に新しい市場を提供した。その効果は、売り上げ以外にも波及している。例えば、人気のフルーツトマトをつくっている大分の生産者は、息子と一緒に上京して仕入れ先のレストランに食事に行くようになった。それが功を奏して、息子が跡を継ぐことを決めたそうだ。生産者にとって、どこでどんな風に使われているのか、どんな人が食べてくれているのかがわかることが、どれほどモチベーションを高めるかわかるエピソードである。

ほかにも、「ＳＥＮＤ」で売り上げが伸びたことが追い風になり、畑の面積を広げることを決めた生産者のもとに、ほかの土地で働いていた息子が戻ってきた事例もあるという。

新しい農業のインフラを目指す

生産者と料理人のニーズを捉えて、利用者数と流通額を急激に伸ばしてきた「ＳＥＮＤ」。よちよち歩きだった子どもが立派にひとり立ちするのを見届けるように、２０１９年5月29日、菊池はプラネット・テーブル代表取締役の地位を後進に譲った。創業者として引き続き同社を応援するが、既に菊池の視線は新しい目標を捉えている。

「ＳＥＮＤは、もう伸ばしていくだけの状況になりました。でも、まだ農業の流通全体に対するインパクトが小さいんです。レストランの登録数は増えていますが、農業自体を持続させることができるほどの物量を扱えていません。もっと生産者をしっかり支える大きな事業をやらなければ、という危機感があるんです」

次に菊池が手がけるのは、ＳＥＮＤを始める前に気づいていた「情報の非対称性」を埋めるものだ。大量の野菜を求める企業、その要望に応えることができる生産者がいて、畑に食材もあるのに、それを動かせていないというギャップである。この課題に対して、当時の菊池は祖母の畑を思い浮かべ、「もっと身近にいるモチベーションの高い小さな農家をサポートしよう」と「ＳＥＮＤ」の運営に舵を切ったが、４年かけてその体制を整えたことで、再びこのテーマに立ち返った。

２０１７年の農業総産出額は９兆２７４２億円で、そのうち米と野菜と果実を合わせると約５兆円。これは、端的に言うと「物流に乗った作物」である。この数字に対して、菊池は「生産者がせっかくつくったのに物流がなくて売れなかったもの」「規格外で出荷できないもの」など、何らかの理由で取り扱われず世に出なかった作物が金額ベースで倍近くあると予想する。ちなみに、規格外で廃棄される野菜は年間１５０万トンから２００万トンと推測される。そのような埋もれた作物に目をつけた。

「生産者は『出荷できずにいるものが畑に沢山あるから、取りに来てくれたら出せるのに』と言い、買いたい事業者もたくさんいます。モノもニーズもあるのに、情報も物流もつながっていない。このミスマッチを解消するための会社を立ち上げました」

2019年9月に始動する新会社は、菊池が信頼する若手ふたりが共同代表を務め、菊池はこの会社に投資家として資金を提供しながら、CDOに就任する。「D」はデベロップメントとデザインを意味する。

そのビジネスデザインは、非常にシンプルながら大胆だ。新会社は提携する産地、生産者から指定した作物を全量、畑で買い取り、集荷する。それを自社であらゆる事業者に販売する。この仕組みのポイントは、生産者が販路開拓をしたり、集荷場や直売所に持って行く負担をゼロにし、既存流通に出すよりも高い値段で出荷できることだ。しかも、色、形、大きさなど従来の市場基準に限定しないので、生産者は市場に卸すより多くの量を売ることができる。

「『SEND』の場合、都市部の個店レストランに販売しているので、ラストワンマイルを埋める役割を果たしています。新事業は、産地にある食材を全て動かすことを目的にしているので、ファーストワンマイルを埋めるということですね。売り先はたくさんあるので、いかにたくさんの種類や量を買い取ることができるかが、カギを握ると思います」

このサービスは、まず九州、関東、北海道、中部で展開を予定しており、対象は野菜、果物と米。買い取りと集荷は現地に配置した目利きが行う。ゆくゆくは、生産者に売れる作物、付加価値の高い作物を提案することも計画する。目指すは、農業の新しいインフラになり、米と野菜の農業総産出額を倍にすることだ。

この話を聞いて、おもわず「とてつもないビジネスを考えましたね」というと、菊池は「そうですかね」と言って笑った。

「この事業は確実にニーズがあるんですが、コストとパワーが必要なので、これまでプレーヤーがいなかった。僕は10年近くかけて全国の生産者ともつながりができたし、独自の物流を構築したノウハウもある。前職の時からもっと産地や生産者と向き合って仕事をしたいと思っていたから、誰もやらないなら僕らでやろうと思ったんですよね」

プラネット・テーブルの代表を辞した後、菊池は交流のある全国の生産者を訪ねていた。その様子を彼個人のフェイスブックにアップしていたのだけど、どの写真でもとてもリラックスした表情を浮かべていた。その様子を見て、金融業界から転じる際に「初めて『好き』で仕事を選んだ」という言葉を思い出した。菊池はきっと、産地を訪ね、生産者と一緒に過ごす時間が心底好きなんだろう。その生産者を守り、励まし、元気づけるための壮大なチャレンジがいま、始まる。

化粧品、卵、アロマ……休耕田から広がるエコシステム

飼料用米から国産エタノール

日本の農業にとって、休耕田を含む耕作放棄地は深刻な問題になっている。地方に行くと、水田や畑が広がる昔ながらの田園風景のなかに、一部、樹木が無秩序に生え、雑草が生い茂っている場所がある。何も知らない者が見たら暗く、危険な雰囲気すら感じるその土地が、耕作放棄地だ。「はじめに」でも記したように農林水産省の調査によると、休耕田を含む耕作放棄地の面積は42万3000ヘクタール（2015年）。1990年からの25年間で、ほぼ倍増した。これは滋賀県に匹敵する面積だ。滋賀県全土がほぼ手付かずの状態で放置されているとイメージすると、耕作放棄地の拡大が実感できるだろうか。

いくつかの農業ベンチャーがこういった土地を市民農園として活用し始めているが、まったく違う視点でこの問題にアプローチしているのが、農業の門外漢だった酒井里奈。彼

女が始めた事業は、エタノールから始まり、化粧品、飼料、卵、牛肉、リンゴのアロマと、思いがけない広がりを生んでいるのだ。

2018年8月某日。東京から新幹線に乗り、岩手県奥州市の水沢江刺駅で降りると、首都圏の熱波が嘘のように涼やかな風が吹いていた。改札に下りると、発酵技術を中心とした技術開発ベンチャー、ファーメンステーション代表の酒井里奈が手を振っていた。社名は、発酵を意味するファーメンテーションに、ステーション（駅）をかけて、「発酵の駅」という意味で彼女がつけたものだ。

その日は、ちょうど夏休み真っただなかの酒井の子どもたちも一緒だった。こんにちは、と挨拶すると、はにかみながらも元気な「こんにちは！」が返ってきた。ほかにも酒井と関係の深い地元の人たちが何人かいて、とても賑やか。夏休みの家族旅行にひとり紛れ込んだような気がして、愉快な気分になった。

この日は、同社のラボと提携する田んぼを案内してもらうことになっていた。酒井の事業ともかかわりがある地元の人気食堂でランチをした後、車で20分ほどの胆沢（いさわ）という地域に向かう。車窓からは、住宅地と水田が隣り合う米どころならではの風景が目に入る。

「着きました！」という酒井の言葉で車を降りると、少し黄色に色づいた稲穂が背伸びでもするようにまっすぐ伸びていた。

この田んぼは、ファーメンステーションと協力関係にある米農家の組合、アグリ笹森が休耕田を再利用したもので、無農薬、無化学肥料の有機米が育てられている。一般人には見分けはつかないが、飼料用米として認定されている「つぶゆたか」という品種で、非食用。名前の通り粒が大きく、食用の稲よりもたくさんの収穫が期待できるそうだ。酒井はこの休耕田で作られたオーガニックの飼料米を使って国産エタノールを生成し、事業化することで、サステイナブルかつクリーンなエコシステムを築いてきた。

酒井氏とラボの田んぼ

詳細は後述するが、そのアイデアと技術力、商品のクオリティは高く評価されており、国際連合工業開発機関(UNIDO)より「開発途上国・新興国の産業開発に資する優れたサステナブル技術」として認定されたほか、2019年6月には、経済産業省が主導するスタートアップ支援プログラム「J-Startup」にも選定されている。

国連が2015年に掲げた「SDGs（Sustainable Development Goals／持続可能な開発目標）」に見合う取り組みとして、大きな注目を集めているのだ。

バイオ燃料のブームに乗って

歴史を振り返ると、奥州市の胆沢・前沢・水沢は奥羽山脈の焼石岳から流れる胆沢川と南に位置する衣川に挟まれた土地で、「胆沢扇状地」と呼ばれ、県下有数の稲作地帯だった。

しかし、1990年代後半には既に、旧胆沢町（2006年に合併して奥州市胆沢）の水田のおよそ3分の1が耕作放棄地や大豆と小麦の転作田になっていた。この状況に危機感を抱いた若手農家が中心となり、「新時代の胆沢型農業を考える会」が結成されたのが1996年。この会は、東北大学の教授を招いて「胆沢町農業者アカデミー」を開催するなど、積極的に活動を行っていた。

21世紀に入ると、メンバーのなかから「バイオ燃料を作れないか」という声があがった。当時はアメリカがトウモロコシ、ブラジルがサトウキビで大規模にバイオ燃料（エタノール）を生産し始めた頃で、石油に代わる代替エネルギーとして脚光を浴びていた。そこで、米をバイオ燃料にすることで米に新たな価値をもたらすことはできないかと考えたのだ。

2004年には「新エネルギー研究会」が立ち上がり、アメリカの「コーンベルト」を形成するミネソタ州を視察したり、国際シンポジウムを開催するなど盛り上がりを見せていた。いよいよ2009年には、実証実験の実施が決定。その際、協力を仰いだのが東京農業大学で、そこに居合わせたのが酒井だった。

ドイツ証券を辞めて東農大を受験

酒井のキャリアは独特だ。1995年に国際基督教大学を卒業した酒井は、日本と海外の貿易に関心があったことから富士銀行（現・みずほ銀行）に総合職として就職した。

「女性の総合職が5人しかいなかった時代です（笑）」

97年から2年間は、自ら立候補して国際交流基金日米センターに出向した。この時の出会いが、エリート銀行員の運命を変えた。

「私は、日本とアメリカのNPOや団体の交流プロジェクトにお金を出す仕事をしていて、たくさんの団体から申請を受けたり、ヒアリングをしていました。日本では98年にNPO法が成立したばかりで、日本のNPOにも勢いと熱があったし、アメリカのNPOの人たちもすごく素敵で、一緒に仕事をするのが面白かったんです」

もともと、学生時代から「社会の課題を解決する仕事がしたい」と考えていた酒井の胸に点った火は出向を終えてからも消えず、富士銀行を6年で退職。しかし当時、社会貢献分野はボランティア色が強く、仕事も多くなかったこともあり、「ビジネスのセンスを学ぼう」と外資系ベンチャーに就職した。そこでは2年間猛烈に働いて、20代にして企業の買収などを経験している。その時の上司がドイツ証券に移ることになり、「一緒に来ない？」と言われて、軽い気持ちで転職。CFOに就いた上司のもとで経営企画室に入り、ビジネスマネジメントを手掛けた。ところがその仕事は上司のサポートがメインで、ベンチャー時代ほど楽しめなかったこともあり、自分にはなにができるのか、なにをしたいのかを真剣に考えるようになった。

そんなある日、発酵技術で生ごみをエタノール化し、エネルギーに変える東京農業大学醸造科学科の取り組みがテレビで紹介されていた。もともとエネルギー問題にも関心を持っていた酒井は、これだ！　と直感し、当時の彼氏（現在の夫）を同伴して高校生向けに開催されたオープンキャンパスに参加。10代の若者に囲まれながら、そこで聞いた「お酒造りの延長です」という言葉で「私にもできるかもしれない。やろう！」と気持ちが盛り上がり、ドイツ証券を辞めて同学部を受験した。

「銀行を辞めてからは、毎回きっちり2年で転職していました。だから、次は2年以上続けられる好きなことを仕事にしようと思っていた時に知ったのが、醸造科学科の取り組みです。代替燃料には興味があったし、金融時代にプロジェクトファイナンスをやっていたのでどういう風にお金が動くかも想像がつきました。なにより、これからくるビジネスだし、大学で技術を学んでバイオ燃料の会社を立ち上げようとギラギラしていました(笑)」

2度目の大学受験を突破した酒井は、2005年、32歳で醸造科学科の学生になった。その4年後、大学4年生の時に胆沢の「新エネルギー研究会」のメンバーと出会う。

「未利用資源オタク」のアイデア

その頃、日本でも各地でバイオ燃料のプロジェクトが立ち上がり、ブーム化していた。その肝となるのが、穀物をエタノール化する発酵技術である。在籍する醸造科学科でその熱気を肌で感じていた酒井は、2009年3月に卒業していたにもかかわらず、その年に奥州市の実証実験が行われることを知ると、自ら立候補して自費でプロジェクトに加わった。同年7月にファーメンステーションを設立しているのだから、当時の酒井の前のめりな姿勢がうかがえる。まさに「ギラギラ」していたのだろう。

翌年、実証実験が奥州市の正式な事業になると、市から委託を受け、3年間、コンサルタントを務めた。実はこの実証実験を始めてすぐの時点で、米をエタノール化してエネルギーとして使用するのはコストが合わないと判明。3年間は、ほかの道を探る時間でもあった。

そこで酒井が考え出したのが、エタノールを化粧品の原料として卸す事業だった。化粧品の成分表示を見ると、多くの化粧品にエチル・アルコール（エタノール）が使用されていることがわかる。その需要と市場は大きい。しかも、日本はほぼ100％輸入に頼っている。その原料としてトウモロコシやサトウキビが使われているものの、その栽培方法、加工方法は意識されていなかった。環境への配慮からオーガニックへの意識が高まっているいま、無農薬、無化学肥料で育てた有機米でつくる国産エタノールは、ニーズがあると考えたのだ。

自身を「未利用資源オタク」と称する酒井は、米を発酵する過程で生まれる「米もろみ粕」にも着目した。何もしなければ単なる廃棄物だが、無農薬、無化学肥料で育てた米のもろみ粕にはアミノ酸やビタミン、ミネラルが含まれていて、それだけで価値のある資源になる。そこで近隣の養鶏家と提携し、米もろみ粕を飼料として卸すルートを築いた。これによって、お金を支払って処分してもらうしかなかった廃棄物が利益を生み出すようになった。さらに、美容効果も高い米もろみ粕を原料にした石鹸も開発した。

このあたりでコンサルタントとしてひと仕事を終えた気になっていた酒井は、「あとは地元の人がNPOを作って事業化すればいい」と考えていたという。それがいつしか話の流れが変わり、酒井が事業を引き継ぐことに。当初は「え、私がやるの？」と驚いたそうだ。恐らく、胆沢の関係者は、そのアイデアと実行力に希望を見出したのだろう。腹を括った酒井は、2013年から国産エタノールの製造・販売事業に乗り出す。

しかし、実際のところは行き当たりばったりだった。企業がエタノールを製造・販売するためには、経産省が発行するアルコール製造販売事業者の免許が必要になる。その許可を得るのが難関で、当時、日本で免許を持っているのは約20社で、大手企業ばかり。ベンチャーが申請する前例がなく、関係者には「取れないかもよ」と言われた。酒井は「なにもわかってなかったとしか言いようがない」と苦笑する。

もし、許可が降りなければメインとなるエタノールの卸事業はご破算。あまりのハードルの高さと結果を知ることの怖さから、酒井は申請に二の足を踏んでいた。奥州市からは人と装置と家賃を引き継いでいたので、収入はないのに経費がかさみ、コンサル時代の蓄えがどんどん消えていった。

ところがある日、フェアトレードを推進している団体がどこからか「無農薬、無化学肥料で育てた米で作る国産エタノール」の存在を聞き付け、初めての注文が入る。これでお尻に火がついた酒井は、意を決して経産省に向かい、アルコール製造販売事業者の免許を申請。「買いたいという人がいるんです」と訴えた。すると、意外な答えが返ってきた。

「売り先があるならいいですよ」

許可が下りたのは、2013年10月。お役所とは思えない柔軟かつ迅速な対応に、酒井は驚愕しつつ胸をなでおろした。

「もし、お客さんがいない段階で申請をしていたら、許可が下りなかったかもしれません。申請を先送りしていてよかった(笑)。本当に奇跡的なタイミングでした」

ヒマワリ、農家民宿……予想を超えた広がり

この後、酒井はエタノールの製造、卸業を本格化させながら、消臭スプレー、虫が苦手な成分を加えたアウトドアスプレーを開発するなど事業の幅を拡げていった。その過程で、

彼女も驚く形でエコシステムが発展し始めた。まず、飼料として米のもろみ粕を卸していた養鶏家、松本崇さんが作る「まっちゃんたまご」が地元で大人気になった。もともとこだわりの養鶏家で卵の評価は高かったのだが、発酵粕を食べることで鶏の腸内環境が良くなり、さらに美味しい卵ができるようになったのだ。取材当日、まっちゃんたまごを食べさせてもらったが卵黄は鮮やかなレモンイエローで、弾力が強い。臭みがなく、穏やかな香りがする。かき混ぜずにそのまま口に含むと、卵のしっかりとした甘みが広がった。美味い。ほかほかの白ご飯が欲しくなった。

飼料米として無農薬栽培のノウハウを身に着けたアグリ笹森は、同じ方法で食用の米を栽培することに成功。すると、酒井に最初にエタノールを注文した団体がこの米を気に入り、通販で取り扱いをスタートした。このお米が、もともと環境意識の高い顧客の心を捉えて、何トンと売れるほどの人気商品になったのだ。通販を通じてアグリ笹森のファンまで生まれ、最近では田植えと稲刈りのイベントに、数十人が参加している。

これだけでも驚くべき変化だが、エコシステムはまだまだ広がっていく。

「この取り組みがサステイナブルだと口コミで広まって、国内外から視察や観光のツアーが来るようになりました。外国人はこれまでにスイス、中国、南アフリカ、アメリカ、イスラエルの方たちが胆沢にきています。イスラエルの方々は17年から3年連続で来ていて、30名ほどの半分は胆沢の施設に泊まりましたが、半分は地域の民家にホームステイしました」

奥州市では2008年から田んぼアートを開催しており、期間中はそれなりに観光客も訪れるが、それ以外の時期、観光客は少ない。それが今では、胆沢の「循環型のエコシステム」を見学しようと多彩な国の人たちが奥州市を訪れるようになっているのだ。視察の依頼が増えたこともあり、酒井はアグリ笹森、まっちゃん農園、地元の農家民宿まやごやと連携して任意団体「マイムマイム奥州」を設立。その中心人物のひとり、農家民宿まやごやを営む及川久仁江さんは、こう語る。

「酒井さんの活動が始まってから、この地域はすごく変わりました。外国人の方がたくさん来るので、私たちはよく、『海外旅行はもう必要ないよね』と話しているんですよ（笑）」

及川さんは農家民宿を営む傍ら「まっちゃんたまご」を使ったお菓子を手作りして町の産直所で販売したり、地域の人に声をかけて、空き地に「まっちゃんたまご」の鶏糞を肥料にしたヒマワリを植えたりしている。「マイムマイム奥州」では、そのヒマワリを収穫してヒマワリ油に変え、「まっちゃんたまご」を使ってマヨネーズを作るというワークショップまで開催されている。地域の資源を、これでもか！というほど循環させているのだ。

小さな経済圏をたくさんつくる

このエコシステムが興味深いのは、酒井率いるファーメンステーションがエタノールをつくるために無農薬、無化学肥料の米を求めたことから、数珠つなぎ的にそれぞれの活動が生まれ、リンクしていったこと。誰かが主導したり、計画したわけではないのが特徴だ。

岩手の小さな地域でユニークな循環が発生し、にわかに活気づいていれば、その評判はすぐに拡散する。18年、酒井のもとに岩手の雫石町でジャージー牛の肥育に取り組む和牛繁殖農家、中屋敷敏晃さんから連絡が入り、米のもろみ粕を提供することになった。ジャージー牛は乳牛として飼育されているので、乳を出さないオスの牛はこれまで価値が低かった。一方で、オスの赤身の肉の味は一部の料理人に高く評価されているのだが、いかんせん市場では十分に認知されていない。これはまさしく未利用資源である。そこで、米のもろみ粕を与えて付加価値をつけようというチャレンジだ。この肉の販売に携わる東京宝山の荻澤紀子さんの協力を得てクラウドファンディングで出資を呼びかけたところ、84人からサポートを得て目標金額60万円を上回る68万円超を獲得し、肉の売り先も確保した。

ポコポコ、ポコポコと発酵の泡が浮かび上がるように、こうした小さなコラボレーションが自然発生的に生まれるのと同時並行で、日本では唯一無二の「無農薬、無化学肥料で育てたJAS有機米で作る国産エタノール」を求める企業も増えて、生産量、卸先ともに右肩上がり。サザビーリーグが運営するライフスタイルショップ「AKOMEYA TOKYO」、首都圏以外にも展開している大手ネイルサロン「ネイルクイック」などへのOEM（相手先ブランドによる生産）も始まった。

また、2018年11月、「JR東日本スタートアッププログラム2018」で青森市長賞を受賞したのを機にスタートしたJR東日本との協業が、新たな循環につながった。関連会社のJR東日本青森商業開発が青森駅近くの工房で製造、販売しているリンゴのお酒シードルは、その過程でリンゴの搾り粕が出る。これまですべて産業廃棄物として処理されていたその搾り粕をファーメンステーションが発酵、蒸留してエタノール化し、リンゴフレーバーのルームスプレーとアロマディフューザーとして商品化したのだ。天然由来の原材料を活用したこの商品は好評で、JR東日本グループの青森県内の宿泊施設に試験導入されたほか、青森県内や都市部のセレクトショップ、ロフトや大手百貨店での販売も決定した。

「未利用資源オタク」の酒井は、エタノール化する際に出る、リンゴ粕の残渣(ざんさ)も見逃さなかった。これを牛や鶏のエサにしたところ、どちらも好んでガツガツ食べることが判明。100%ナチュラルなので身体にもよいため、それぞれのオーナーにも喜ばれた。酒井はこれを飼料化する計画を立てている。さらに、ホテルメトロポリタン盛岡の総料理長がリンゴ粕を食べた牛の肉を気に入り、購入。これがホテルで提供されるほか、列車全体がレストラン空間となる設えで「東北レストラン鉄道」として運行される「TOHOKU EMOTION」へも提供した。酒井の手によって、ゴミでしかなかったリンゴ粕を媒介にまた小さな経済圏ができたのだ。


酒井によると、同じように未利用資源を活用した企業との協業プロジェクトが複数動いており、資金調達してスタッフを4人増やしたが、まだまだ人員が足りていないという。

「起業から10年たって、ようやく市場が追い付いてきましたね」と語る彼女だが、一般的なベンチャーが目指すような急成長とは違う未来を描いている。

「休耕田はいっぱいある。エタノールのニーズもある。未利用資源もたくさんある。あとはどう勝負をするか、ですね。まだまだ規模としては小さい胆沢のエコシステムを拡大しつつ、別の地域で展開することも考えています。規模を求めて大きくしちゃうといずれ身動きが取れなくなるので、日本の地方に、胆沢のようなエコシステム、経済圏をたくさん作りたいですね」

酒井が胆沢モデルをほかの地域に移植した時に、何が起きるか。関わる人も、文化も風土も違うのだから、胆沢とは異なる化学反応が起きるはずだ。酒井の活動からヒントを得て、さまざまな未利用資源からエコシステムをつくるアイデアマンも出てくるだろう。そう考えれば、全国42万3000ヘクタールの耕作放棄地は可能性に溢れている。

第三章　常識を超えるスーパー技術

ＩＴのパイオニアが挑む「植物科学×テクノロジー」

スマート農業元年

１９６０年代、農業の世界で「緑の革命」が起きた。これは急激な人口増加に対して、高収量の品種の種を開発し、化学肥料と農薬で大量生産するという動きを指す。この革命によって、１９６０年代前半から40年で穀物の１ヘクタール当たりの収量が倍以上に伸びた。

緑の革命から半世紀が経ったいま、農業界に新しい変化の波が起きている。テクノロジーによって、人間の労働力や判断に依存していた従来型の農業をスマート化しようという流れだ。わかりやすい事例をひとつ挙げれば、これまで人間が重装備して散布していた農薬を、ドローンによる散布に切り替えること。これによって作業時間の短縮、人的コストの削減が実現する。同じ目的で、耕作機器や環境制御も自動化が進んでいる。

このように、スマート化の目的は他の産業と変わらない。作業の効率化や生産性の向上だ。日本の農業は他国に比べて生産コストが高く、生産性が低いというデータがある。生産者の高齢化や後継者不足という難題も抱える日本で、現状を改善するひとつのツールとして、テクノロジーは期待を集めているのだ。

政府もスマート農業を後押ししており、２０１８年６月に閣議決定した「未来投資戦略２０１８」では、「スマート農林水産業の実現」に向けたＫＰＩ（成果目標）が記された。

・２０２５年までに農業の担い手のほぼすべてがデータを活用した農業を実践
・２０２３年までに、全農地面積の８割が担い手によって利用される（２０１３年度末48・7％）
・２０２３年までに、資材・流通面等での産業界の努力も反映して担い手のコメの生産コストを２０１１年全国平均比４割削減する（２０１１年産１万６００１円／60キロ）
・２０１９年に農林水産物・食品の輸出額１兆円を達成する（２０１２年４４９７億円）

これを受けて、２０１９年２月には農林水産省が「スマート農業の社会実装に向けた具体的な取組について」という方針を発表。

そのなかには、2022年度までに全農業大学校でスマート農業をカリキュラム化、各都道府県の主要10品目、全国500産地程度でスマート農業技術体系を構築・実践、全国360カ所の全普及指導センターにスマート農業技術の担当者又は窓口を設置などの目標を掲げている。

一連の流れを見て、「いずれ、2019年がスマート農業元年だったと言われるようになるかもしれません」と語るのが、小池聡。現在のような大きなうねりになるずっと前から、農業のスマート化に取り組んできた男だ。小池の名前を聞いて、ぴんと来る読者もいるだろう。IT業界に身を置いたことがある人、業界に詳しい人にとっては、「ビットバレー構想の中心人物のひとり」としての印象が強いはずだ。

独自の農法に挑む小池氏（提供：ベジタリア）

詳しくは後述するが、かつて日本のIT業界のパイオニアだった小池は2009年、農家に転身し、自ら畑を耕し、野菜を作り、売ってきた。その経験のなかで小池もテクノロジーの重要性に気づくが、目指したのは単純な省力化や効率化ではなかった。思い描いたのは、最新の植物科学とテクノロジーを掛け合わせた新しい農業――。それは、どんな未来なのか。その話を聞きたくて、小池が経営する「ベジタリア」を訪ねた。

同社のオフィスは渋谷駅から徒歩10分、商業施設やオフィスビルが途切れて住宅が増えてくる桜丘町にある。門構えの大きなマンションの一室を訪ねると、10人ほどのスタッフ全員が静かにパソコンと向き合っていた。雰囲気は、ＩＴ企業そのもの。農業といえば地方の長閑な風景が思い浮かぶけれど、新時代の農業は渋谷から発信されているのだ。

ＩＴ業界の黎明期を牽引した男の転身

１９９０年代初頭、ｉＳｉ電通アメリカ（ＧＥと電通の合弁会社の現地法人）の駐在員、副社長としてアメリカに滞在していた小池は、当時、アメリカで勃興していたインターネット革命を目の当たりにして、「これからはインターネットの時代になる」と確信。１９９３年、社内にインターネット事業部門を設置すると、シリコンバレーにも戦略子会社「ネットイヤーグループ」を設立し、インターネット事業開発とインキュベーション（創業支援）事業をスタートさせた。

1998年、この会社を自らMBO（マネジメント・バイアウト／経営陣による株式の買い取り）した小池は、翌年、東京に拠点を移すと、投資、インキュベーション先だったネットエイジの西川潔社長らと「ビットバレー構想」を提唱。日本のネットベンチャーの育成と底上げに注力した。

2004年にはネットイヤーの投資部門とネットエイジを経営統合してネットエイジグループに再編し、共同代表として2006年に上場。小池が投資・インキュベーションした会社には、現在上場している富士山マガジンサービス、データセクション、ソーシャルワイヤー、Fringe81などがある。

また、ベンチャーキャピタルファンドでも、現在上場しているミクシィ、アイスタイル、エニグモ、ライフネット生命などにも各社の創業初期から出資。中国やベトナムにも早くから進出してネット企業に投資するなど、日本のインターネット・投資業界の黎明期を牽引した。

しかし2008年、リーマンショックに前後してIT・投資業界から身を引くことを決め、東京大学が開設したEMP（エグゼクティブ・マネジメント・プログラム）の1期生として学生になった。そこから、小池の人生が大きく方向転換する。

「ちょうど僕が50歳になる手前で、人生１００年時代の後半戦はもうちょっと地に足をつけて取り組めるようなライフワークを見つけたいと思ったんです。それで、自分がやる意義があって、なおかつ社会のためになるようなテーマはないかなと考えたんだけど思いつかなかったから、大学で勉強し直してヒントを見つけようと思ったんだよね」

東京大学ＥＭＰで学ぶうちに興味を惹かれたのが、ＩＴ業界にいた時には「眼中になかった」という「健康と食と農業と環境」だった。このテーマが日本だけでなく、世界で大きな課題になっていることも関心を持った理由だ。以下に、小池が着目したポイントを挙げる。

①２０５０年には世界の人口が現在の77億人から97億人になると予測されており、今から20億人分以上の食糧需要増がある。しかし、世界の農耕作可能地は土壌劣化や土地開発、水源枯渇などの影響で減少している。また、気候変動が農業に与える影響も大きく、これからの農作物の増産は現状のままでは限界がある。

②世界の農業生産可能量の３分の１以上は、病虫害・雑草害で失われている、これは、世界の飢餓人口に近い年間８億人分の食料に匹敵する。

③最新の植物病理学の研究では、農作物の主要な病気の原因・メカニズムが解明されており、病虫害の発生予察や診断による予防的措置と、天敵などの生物的防除や粘着板・網なども利用した物理的防除を合理的に組み合わせた総合的病害虫管理（ＩＰＭ）の研究が進んでいる。

④植物の生育メカニズムも解明されてきており、今まで導入が遅れていた農業分野への科学とテクノロジーの活用によって、農作物の栽培方法や管理手法を改善し、省力化や生産性・品質向上が図れる余地が大きくある。

⑤厚生労働省は１人１日あたり３５０グラム以上の野菜摂取を推奨しているが、日本人の野菜摂取量は少なく、後継者不足などで野菜の作付面積・生産量・消費量は減少の一途をたどっている。

日本とグローバルでは課題の質が異なるが、小池は「健康と食と農業と環境」がひとつの輪として循環していると考えた。同時に、小池が得意としてきたテクノロジーで貢献できることが多くあるように感じた。なにより「人間はなんのために働いているのか？　それは食うためだろう。人間のエネルギー源である食料をつくる産業はすごく大事ではないか」と思い至り、人生の後半戦を「健康と食と農業と環境」に懸けることを決心したのである。

「現代の農業は、いまだに半世紀以上前の高収量の種と化学肥料と農薬で大量生産する〝緑の革命〟の栽培方法がベースになっています。でも、現在の限られた資源や環境の中で、人口・食料問題、資源問題、環境問題に対処しながら、安心安全で栄養価も高い農作物を、なるべく環境に配慮しながら自然の力を最大限利用して栽培する〝次世代の緑の革命〟が実現できないかと考えました」

「経験」「勘」「匠の技」からの脱却

東京大学ＥＭＰを修了した小池は２００９年、まずひとりで自分が好きなイタリア料理に使うバジル、ルッコラなどイタリア野菜を無農薬、有機栽培でつくり始めた。しかし、病虫害で壊滅。指導を仰いだ農家には「そんな方法でできるわけがない」とダメ出しを受けた。

ところが、東大ＥＭＰ時代に教えを受けた植物の病気の第一人者に相談をすると、温度、湿度、日射量、水分量などの条件によって発病するメカニズムがあると教えられた。発病

フィールドサーバ（提供：ベジタリア）

する条件がわかっているなら、それを避ければいい。そこでＩＴに回帰する。

「最初はホームセンターで温度計、湿度計を買って管理していましたが、らちが明かないので、いろいろ調べたら、農業用のセンサーがあったんです。２００１年に農研機構の研究から始まったフィールドサーバという商品で、温度、湿度、日射量や土壌水分などのデータがクラウドに上がって管理分析ができて、カメラもついていると。それを施設のなかで導入して病気になりにくい環境に制御していったら、だんだん被害も少なくなり、いいものが作れるようになりました」

その頃には農地の規模も拡大し、土地を借りてハウスや露地でこだわりの野菜をつくるようになった。満足いく栄養素と味を持つ野菜ができるようになると、それを売るために代官山に八百屋「ベジタリア」を開いた。そこには大型ディスプレイを設置し、圃場の様子やデータを映して「無農薬で有機栽培」をアピールした。隣りにイタリアンレストランもオープンし、自分たちで作った野菜や果物を中心にメニューを作っていた。

ベテランの農家に「できるわけがない」とバカにされた方法で野菜づくりを実現した小池は、日本の農業に欠けているものを肌で感じた。最新の植物科学とテクノロジーだ。

これまでの日本の農業は、生産者の「経験」「勘」「匠の技」が頼りだった。それは確かに貴重なものだが、それをシステム化、体系化できれば農業のポテンシャルは高まる。

「生産者のなかには、俺は土を触ればなんでもわかるんだ、みたいな人も多いけど、トマトに最適な土のpH値があって、普通は計測をしないとわからないでしょう。安いセンサーもでてきて、データを管理分析できるようになっているんだから、属人的な経験や勘は科学的根拠や計測に置き換えればいい」

「生産者の匠の技にしても、別の場所で作れば土も気候も違うから同じやり方でうまくいくとも限らないし、その人が引退したら匠の技も消えてしまう。その前に、なんでそれが上手くいっているのか、環境や作業のデータを蓄積してビッグデータ化して、うまくいっているアルゴリズムを解析して、ほかのところにいってもアジャストできるような形にしていくことが必要だろうと思いました」

小池が目指したのは、農業の「見える化」である。そのために必要なのは、環境と生体のセンシング（センサーによる観測）、栽培状況のモニタリング、そして、そのデータの管理・分析と制御。温度、湿度、日射量、水分量などに加えて、土壌や植物の状態を分析することで、農業を革新しようという試みだ。小池によると、農業の「見える化」によって、次に記す3つのような取り組みが可能になるという。

例えば、人間の血液に相当するのが植物の樹液流。それを非破壊で植物を生かしたまま計測し、健康状態を解析しながら水分量とストレスをコントロールすると、糖度の高いブドウを作ることができる。

土壌は17の必須元素が必要で、それを補うのが肥料だが、ただ肥料をたくさんあげれば良いわけではない。植物の成長のステージによって必要な栄養素の種類、量が違う。土壌をセンシングすれば、最適な肥料の種類と適量を把握できる。

また、これまで病虫害は農薬による科学的防除をする以外の選択肢がほとんどなかったが、最新の植物科学と気象データを組み合わせることで、病虫害の発生を高精度で予想できる。

このように、テクノロジーと最新の知見をかけ合わせれば、農業にはまだまだ改善の余地があることがわかる。

農業の「見える化」でできること

小池は、昔ながらの手法が主流の農業界に科学的アプローチを取り入れ、加速させるために、投資家時代を彷彿させる手を打った。フィールドサーバを農研機構と共同開発していたベンチャー企業のイーラボ・エクスペリエンス、スマホやタブレットから農作業や植物の生育記録を入力・閲覧できるアグリノートを開発したベンチャー企業のウォーターセルを、相次いでM&Aすることによってグループ化したのだ。

やはり、その眼力は確かだった。イーラボ・エクスペリエンスはフィールドサーバに加え、水稲栽培に重要な水位・水温を自動計測するPaddyWatch（パディウォッチ）を新たに開発し、これまでに５０００台以上が導入された。アグリノートは登録圃場が２０１９年1月時点で20万圃場を超えた。農業ＩＣＴ（情報コミュニケーション技術）の分野では、トップクラスの実績である。

農業のスマート化でボトルネックになるのは、農業従事者の高齢化。平均年齢が66・8歳（２０１８年）の生産者が新しいテクノロジーを受け入れられるのか気になるところだが、生産者の視点を持つ小池はそこも常に意識して改善してきた。

「スマホ、タブレットで簡単にできますよと言っても面倒くさい、わからないという人もいるから、なるべく手間がかからないように自動化しようとしています。例えばアグリノートはGPS機能があって、栽培の作業スケジュールもプリセットされているので、スマホを持って圃場に入るだけで、圃場や作付けを特定します。例えば代掻きの時期に5時間その圃場にいると、田んぼの代掻きを5時間やったと自動的に記録されるんです」

現在の日本の農業は、外国人が支えているという現実もある。農業分野の外国人研修生は右肩上がりで増えており、2017年の時点で6606人。そのため、外国人にも理解しやすいようにまずは中国語でも利用可能にした。

若い世代に早いうちからICT農業に慣れさせるため、2018年6月には全国農業高等学校長協会、NTTドコモとも提携。希望する学校にアグリノート、パディウォッチ、フィールドサーバを提供し、運用の支援も行っている。

こういったツールの導入は、「働き方改革」につながるため、生産者の関心も高いという。

「例えばお米を作っている農家にとって、田んぼの水位と水温のチェックは毎日の重要な作業で欠かせません。複数の田んぼを持っている人は、水位と水温をチェックするためだけに、毎日、毎日、車を走らせなきゃいけない。でも、それは面倒じゃないですか。パディウォッチを使えばスマホで確認できるので、時間の節約になるんです」

農家の大敵である病虫害に対しても、科学の力を使ってアプローチしている。２０１６年、植物科学・植物医科学分野に精通した国家資格を持った植物医師によるコンサルティングサービスを提供する「ベジタリア植物病院」を設立。

これは生産者の農場の温度、湿度、葉面濡れデータ、土壌などの情報をもとに、病害・害虫の被害予測、雑草の発生タイミングや作物の生育状況をモニタリングし、植物医師を介して適切な防除のタイミングや方法を処方するサービスで、現在、ＬＡＭＰ法（遺伝子検査）による根こぶ病菌密度測定サービスを提供している。これは、白菜、キャベツ、ブロッコリー、小松菜などアブラナ科の植物が大きな被害を受ける根こぶ病の発生ポテンシャルを検査・診断するものだ。根こぶ病は生産者にとって非常に厄介な病気で、発病後に治病する薬剤がないため、発病するかしないかの判断なしに作付け前に薬で土壌消毒するのが一般的だった。新サービスは、この「当たり前」を変えるポテンシャルを持っている。

「土壌の消毒代は、10アール（１０００平米）あたり平均で1万８３００円、１ヘクタールやると20万円ぐらいかかります。発病リスクの少ない圃場でも過多に薬剤を使用することも少なくありません。そこでベジタリア植物病院が始めたのが、キットに入れて送ってもらった土を遺伝子診断し、植物医師が発病リスクの診断書をつけてお返しするサービスです。10アールあたり3500円という低価格で検査できるようになりました。これで発病のポテンシャルが高いところだけ消毒すればいい。これまで1000検体以上検査してきましたが、平均60%ぐらい防除費用がカットできています」

日本農業の知的産業化

小池は、ベジタリアの取り組みに関心を持つ生産者と資本業務提携を進め、現在、全国10カ所100ヘクタール以上の農地でベジタリアグループのICTソリューションを活用した「ベジタリアファーム」を展開している。同ファームは、有機JAS制度の認定を受けている農園や無農薬栽培している農園がほとんど。小池がかつて「できるわけがない」と否定された農法に挑む生産者をテクノロジーの力でサポートしながら、そこから得られたデータをツールの改善にも活かしているのだ。

冒頭に記したように、スマート農業化に向けて国が一気にアクセルを踏み、タイミングを合わせるように、2018年秋から放送された人気テレビドラマシリーズ『下町ロケット』でもスマート農業が扱われたことで、一般の生産者の意識も高まっているという。2019年に入ってから、小池が登壇するスマート農業をテーマにしたイベントもそれまで以上に大勢の参加者で賑わうようになったそうだ。

ビジネス的にもスマート農業は今後のトレンドになるとみられており、矢野経済研究所によると、2017年度に128億9000万円だったスマート農業の国内市場規模は、2024年度に約3倍の387億円に拡大すると予想している。

小池にとって、この追い風は待ち望んだものだった。生産者の「経験」「勘」「匠の技」をデータに置き換え、最新の植物科学とテクノロジーで最適化するという小池が思い描く新しい農業のモデルは、これからが肝になる。

「データは計測しただけでは意味がなくて、それをどう使うか。環境制御しやすいハウスは既に、人手を介さず、コンピューターで自動制御できる時代になってきています。僕らもハウス内において樹液流など植物のデータ、土壌のデータ、生産者の作業データ、気象データ、病虫害データなどあらゆるデータをビッグデータ化して解析し、プランニングして自動でコントロールする仕組みを作ろうとしています」

小池はこの仕組みをベースに、生産者をサポートするプラットフォームをつくろうとしている。例えば、ユーザー登録している有機栽培農家の土壌分析の結果が出た時に、その土壌にあった有機JAS適合の最新の肥料から安い肥料、評価の高い肥料まで選択肢が提示されるイメージだ。アマゾンが、ユーザーの購買履歴を分析して、その人の好みやニーズに合ったものをレコメンドしてくるのと同様のシステムを農業に応用するのである。

いまはまだ構想段階ながら、小池が思い描いているのは、ユーザーの地域の気候や土の状態を解析して、「今年はこの作物が良く育つでしょう」と勧めてきたり、農産物の市場を分析して「消費者の間ですごくヒットしている作物なので収益が3倍に上がると予想されます」とアドバイスするような未来だ。取材の最後、日本の農業にポテンシャルはあると思いますか？　と尋ねた。かつて、日本のインターネット業界の最前線で起業家・投資家として名を馳せた小池は頷いた。

「これから世界の人口が増えていくところはアジア、アフリカで、どちらの主食もコメです。これからの人口増、食糧問題を解決するカギはコメになるでしょう。稲作のソリューションは日本が進んでいるし、海外の富裕層に日本のコメは大人気です。中国政府は2020年までに全農地の17％をスマート農業化するという目標を掲げていて既に動いていますが、アジアの田んぼの耕作面積は日本の50倍以上。農業生産性の低い海外での最新ソリュージョンのニーズは高く、日本の手法によって海外で生産するというmade by Japanもありえるでしょう。農産物を輸出するだけじゃなくて、テクノロジーも含めて日本の農業全体を知的産業化して輸出できるようになると思います」

スーパー堆肥が農業を変える

ダニをもってダニを制す

岐阜の高山市は、外国人観光客に人気の観光スポットとして知られる。歴史情緒溢れる昔ながらの町並みや、郊外に広がるのどかな田園風景を目当てに、2018年には過去最高、実に人口の6倍を超える55万2301人の外国人がこの町を訪れ、宿泊した。

全国でも突出したインバウンド戦略で脚光を浴びるこの町だが、一方、岐阜県で最も農業従事者が多い町で、高冷地を活かした夏のほうれん草や、夏と秋に出荷するトマトの一大生産地でもある。この農業の分野でも、あるユニークな取り組みが注目を集め始めている。仕掛け人は藤原孝史、63歳。2013年に設立された飛騨高山のベンチャー、スピリットの代表だ。

観光客であふれる高山駅から東に車を走らせて20分ほど。乗鞍岳を望む里山の中腹に、木造の校舎のような建物がある。入口には、水色で「SPIRIT」という文字と、ネイティブ・アメリカンの横顔をモチーフにしたロゴが刻まれた木の板が掲げられている。木の扉をノックすると、藤原が迎えてくれた。

「ここはオフィスですか？　味があっていいですね」というと、藤原は「ありがとうございます。もともとは廃校になっていた学校の校舎なんですよ」とにっこり微笑んだ。

キャップをかぶり、ラフな姿の藤原は、ベンチャーの社長というより、地方でよく見るような気のいいおじさんだ。しかし、この男がつくり出した革新的な堆肥は、農家を驚嘆させている。藤原を一言で表すなら、「スーパー堆肥メーカー」だ。

なにがスーパーなのかを説明する前に、そもそも堆肥とは何かという話をしよう。農業の基本は土だ。水耕栽培もあるが、大半の農家は土と切っても切り離せない関係にある。その土を豊かにするひとつの有効な手段が、堆肥。牛、豚、鶏など家畜の排泄物におが粉（おがくずを粉状に粉砕したもの）、わら、籾殻などを混ぜて、発酵させてつくる有機肥料で、農地の土に混ぜて使用する。

藤原は、堆肥の開発に30年以上の歳月をかけてきた。そうして生まれた堆肥「Revive soil」を使っている農家からは、しばしば驚いた様子で電話がかかってくるという。

「藤原さんの堆肥を置いたところだけダニにやられません！」（飛騨高山のほうれん草農家）
「夏場にほかのみんなはダニにやられたんですけど、藤原さんが言った通りにしたら、うちはぜんぜんやられなかった」（飛騨高山のイチゴ農家）

どちらも有機栽培をしている農家で、農薬に頼らない彼らにとって、一番大きな悩みの種は病虫害だった。なかでも厄介なのが、あらゆる植物の葉に寄生して吸汁し、植物を弱らせる害虫「ハダニ」だ。ハダニは繁殖力が強いので、農薬を使う場合でも栽培期間中に何度も薬剤散布を行う必要がある。有機栽培、無農薬栽培にこだわる農家にとっては天敵だ。

堆肥の香りを確かめる藤原氏

ところが、藤原の堆肥を使うとハダニの被害が激減する。それどころか、ほかの虫もほとんど寄せ付けないという。なぜか？
「うちの堆肥は有用菌の密度が高いので、益虫となるカブリダニや線虫などの土壌生物が繁殖するんですよ。その益虫が、ハダニだけじゃなくて、アザミウマ、コナジラミといった農家にとって厄介な害虫や、病気のもとになる菌をどんどん食べてくれるんです。うちの堆肥を撒くと目に見えるほど大きなダニがたくさん歩いていますけど、そいつらはみんな良いダニなんです」

堆肥は土壌を改善するもの、ダニは悪者という認識しかなかった僕にとって、藤原の話は目からウロコだった。ダニをもってダニを制す!? 調べてみると、世の中では「生物農薬」という商品が売られていて、例えばカブリダニ200匹が1万8000円超で売られていたりする。単純計算すると1匹90円……、高い。ところが、藤原の堆肥を使えばカブリダニなどの益虫が自然にわんさと湧いてきて、勝手に野菜を守ってくれるのだ。しかも、藤原の堆肥はマグネシウムなどミネラルが豊富で、野菜も強く、大きく育つ。農家にとってはずいぶんと心強い存在に違いない。

ところで、藤原はどうやってこの堆肥をつくったのだろうか。ポイントは、藤原が考えた「社会的農業」という言葉だ。藤原の堆肥は、農業だけでなく、堆肥のもとになる畜産業も変えるポテンシャルを持つ。

有用菌に着目

藤原は1956年、田んぼと畑が広がる高山市の丹生川町で生まれた。父は林業に就いていたが、夫婦で農業も手掛けていた。生活は決して楽ではなく、藤原少年はいつの頃から か、「百姓が幸せになるためには、どうしたらいいんだろう」と考えるようになっていた。その影響か、中学2年生のある日、唐突に、鮮明なイメージが思い浮かんだ。それは、自然のなかで伸び伸びと飼育されている家畜がいて、そこから出る堆肥を使って農作物を作るという循環型の総合農場だった。

「本当に、ひとつの絵としてイメージが降りてきたんです。僕が目指すものは、それからずーっと変わってないんですよ」

時は経ち、大人になった藤原は野菜を作る農家になっていた。ブロッコリーやグリーンピース、赤カブやトウモロコシなどの野菜をつくって生活していた当時の年収は250万円ほどだったが、「いつか、あの循環型の農場を」という想いを抱き続けていた。

ところが1983年、27歳の時にひょんなことから兄が手がけていた和牛「飛騨牛」の飼育、販売を引き継ぐことになった。自ら望んだことではなかったが、目の前には250

頭の牛がいる。こいつらの世話をしなくてはと腹をくくった藤原は、野菜作りを離れて「牛飼い」に没頭した。

そうして牛飼いの仕事をひと通り覚えた1989年頃から、自分の牛の糞を使った堆肥づくりに力を注ぐようになった。総合農場のことを忘れていなかったからだ。「牛飼い」にとって、日々大量に排出される牛の糞を堆肥化して売るのは定番のビジネスで、藤原も農家をしていた時は堆肥を使ってきたし、畜産業を始めてからは堆肥をつくる側に回った。ただ、農業時代から気になっていたのが、堆肥の「悪臭」。不快な匂いがする堆肥とその匂いがしない堆肥、どちらを使いたいかと農家に聞けば、誰もが後者を選ぶに違いない。藤原は堆肥の匂いをどうにかできないものかと考えた。もともと農家をしていたからこその発想だ。

藤原は糞の匂いを和らげるために、微生物に着目した。独学で土壌学や微生物について勉強し、自ら土着菌を培養して、乳酸菌を中心とした有用菌を入れた飼料をつくった。乳酸菌は抗菌作用、有害菌の増殖を抑える働きを持っており、人間も乳酸菌飲料を飲んで腸内環境を整える。それを牛に応用したのだ。この狙いが当たり、牛に特製のエサを食べさせると独特の匂いが弱まった。さらに、堆肥に含まれる有用菌の密度も高いことがわかった。それは土壌を豊かにして、いい野菜をつくることにつながる。この「循環」に手応えを感じた藤原は本格的に事業化しようと特許を取得し、堆肥舎も増設した。ちょうどそのタイミングで、知人の酪農家から連絡が入る。

「藤原さん、困った……。牛の糞を納めていたコンポスト会社に、明日から持ってこんでもいいって断られてしまった。どうしよう?」

そこで藤原は答えた。「俺が処理するから、全部うちに持ってこい」。すぐに、酪農家の牛に藤原が開発した有用菌を含む飼料を与え、そこで回収した糞を堆肥にするという事業を始めた。牧場から回収する糞は1日に4トン車1台分にも及んだが、「臭くない堆肥」はすぐに評判になり、宣伝なしで売り切れるようになった。糞の匂いや処理に悩んでいる酪農家は少なくない。そのうちに全国の酪農家から相談や依頼が届くようになり、藤原は北海道、群馬、広島など日本各地の酪農家のコンサルティングをするようになった。

するとある時、乳酸菌を製造販売する会社から連絡があった。牛のエサに、自社の乳酸菌を使ってほしいという依頼だった。話を聞いて、それを使えば確かにエサの質も高くなることがわかったし、量産体制も整う。藤原は「循環のシステムが日本に定着すればいい」という思いで、知り合いの酪農家やコンサルティングしていた顧客を紹介した。すると、その飼料は爆発的に売れた。ところが、何年かすると品質が低下するようになり、付き合いのある酪農家から藤原のもとに苦情が入るようになった。藤原がその酪農家を訪ねると、牛舎から消えたはずの糞の匂いが漂っていた。これはダメだ、と判断した藤原はその企業と袂を分かち、自ら別の乳酸菌を探し求めた。

悪臭0%の堆肥が秘めるパワー

乳酸菌は250以上の種類があり、動植物の表面から内部、そして土壌にも存在する。そのなかから最も牛に適した乳酸菌はなにかと本やインターネットで探している時に出会ったのが「NS乳酸菌」だ。専門的な話になるので、この乳酸菌についての詳細な説明は割愛するが、中国人の医学者がモンゴルで食されている漬物や発酵馬乳のなかから発見したもので、糖質、タンパク質、食物繊維などにも高い消化力を持つ。その乳酸菌を、日本の秋田の企業が培養して商品化していた。

その頃、すっかり乳酸菌マニアとなっていた藤原は、説明を読んですぐにピンときて、販売会社に連絡を取った。すると意気投合し、牛のエサに配合することになった。これが、藤原も想像しなかった効果を生んだ。

「糞の悪臭の原因は微生物が分解できないほどの栄養素です。乳酸菌とか微生物の機能性が低いと分解しきれなくて、匂いのもとになるんです。前の乳酸菌を使っていた時は、糞から多少のアンモニア臭、汚物臭がしたんですが、それがまったくなくなりました」

予想外の出来事は、それだけではなかった。乳牛は、搾乳中に乳首についた傷などがきっかけでばい菌が入り、乳房炎になってしまうことがよくある。そうなると治療のために抗生剤を打つので、その牛のミルクは廃棄しなくてはならない。これは酪農家にとってはなるべく避けたい事態なのだが、提携した会社が新たに開発したNS乳酸菌飼料を与えると、乳房炎の発生率が激減した。さらに、牛の乳量が増えて、乳質も良くなった。その理由を端的に記せば、乳酸菌によってその牛の免疫力が高まり、健康になっているということだ。いま、人間の健康管理に腸内フローラが注目されているが、NS乳酸菌は乳牛の腸内フローラを整えるのに合っていたのだろう。

冒頭に記した、益虫が大量発生するスーパー堆肥「Revive soil」は、この「まったくイヤな匂いがしない糞」から生まれた。堆肥のなかには乳酸菌やミネラルが含まれている。それを微生物や土壌生物が食べると、見違えるように活性化する。乳酸菌とミネラルが残る土から栄養素を吸い上げる野菜も、簡単には病気にかからないほどに逞しくなる。これが、病虫害を防ぐスーパー堆肥の秘密だ。藤原はこの仕組みを鶏や豚にも応用できないかと考え、同じようにNS乳酸菌を使った飼料を食べさせたところ、どちらの糞も牛と同様の効果が得られたという。

取材当日、実際にまだ湯気が出るほど発酵している状態の堆肥を見学させてもらったが、鼻先につくほど顔を近づけてもまったく悪臭はしなかった。むしろ、豊かな土だけが持つどこか懐かしいような香りがした。鶏糞と牛糞を混ぜた堆肥は、牛糞だけの堆肥と違う匂いで、出汁や味噌、醤油のような香しさがあった。藤原にそう伝えると、「アミノ酸が豊富だからだと思います」という。

藤原はもともと牛舎として使っていた土地で鶏や豚の飼育を計画。堆肥作りに欠かせないおが粉も地元で調達しようと、間伐材を使った割り箸の製造の研究を始めた。

乳酸菌で牛や鶏、豚が健康になり、その糞と地元の木材から出るおがくずを使った堆肥が土地を強く、豊かにする。自然豊かなその里山には栄養たっぷりで美味しい野菜がなり、人間も動物もそれを食べて、また健康になる。このサステイナブルな循環こそ、中学2年生の時に思い描いた理想の農業だ。藤原はこれを「社会的農業」と表す。

「30年もこんなことをずーっとやってるもんですから、最近、絞り出るようにしてこの言葉が出てきたんですよ。自然と社会が調和して、人も家畜も健康になる。これが社会的農業だと思っています」

藤原の目標は、社会的農業の拡大による豊かな社会の実現。そこを目指して歩む過程で生まれた副産物が、「Revive soil」なのだ。

宣伝なし口コミだけで農家に広がる

藤原はどちらかといえば口下手で、スーパー堆肥の宣伝もしていない。しかし、使ってみれば効果は一目瞭然なのだろう。口コミだけで導入先が広がっており、飛騨高山だけでも40軒の農家が使用している。

堆肥の評判を聞き、藤原が唱える循環型農業にも共感して導入した就農4年目のトマト農家、井関貴文さんはこう振り返る。最初の年、農薬や化学肥料を使う慣行栽培をしていた井関さんは、2年目に完全無農薬栽培に切り替えた。その際に藤原の堆肥を入れて耕したところ、「土壌にたくさんの微生物が湧いて、びっくりするほど豊かになりました」。そして、予想を超える変化が起きた。初年度は厄介な害虫、ネキリムシ（根切り虫）の被害を防ぐために農薬を使っていたのだが、2年目以降、一切農薬を使っていないのにこの虫の被害がなくなったのだ。もうひとつ、トマトの日持ちが格段に良くなった。1年目は収穫してから2、3日で腐り始めたのに、2年目以降は1、2週間経ってもほとんど腐らない。もちろん鮮度は落ちるのだが、腐るのではなく、少しずつ萎んでいくのだそうだ。もちろん、井関さん自身の技術や創意工夫もあってのことだが、「藤原さんの堆肥がなかったら、今のトマトはつくれていません」と話す。

藤原と20年来の付き合いがあるほうれん草農家のNさんはもともと藤原の堆肥を「土壌のバランスを整えるのに適している」と高く評価していたが、今年、藤原が堆肥をもとに作りだした活性液を初めて使用したところ、これまでになかった現象が起きたという。

「春先に、ハウスのなかにほうれん草の香りが充満していたんです。私は長らくほうれん草を作っていますが、初めての体験で衝撃を受けました。ほうれん草の葉っぱがここまで香りを放つのかと感動しましたね」

真摯に農業に取り組んでいる人たちは、情報に敏感だ。野菜には季節があるし、失敗は死活問題なので簡単に試行錯誤ができることではないが、こうして藤原の堆肥は少しずつ、でも確実に支持を広げているのである。

堆肥は重い。それに比例して送料も高くなる。それがなかなか全国には広まらない理由のひとつだが、例えば長野県飯山市の農家は一回の送料7万5000円、東京都あきる野市の農家は送料9万円を支払って藤原から取り寄せている。北海道でぶどうを無農薬栽培している農家や、東京の湯島天満宮にある梅園からの依頼を受けて、堆肥を送ったこともある。一部では既に高い送料を支払うだけの価値があると認められているのだ。

藤原も岐阜で作った堆肥を全国に送るのは非効率だと認めており、日本各地で堆肥をつくる〝堆肥の地産地消〟を理想としている。そのために継続して力を入れているのが、酪農のコンサルティング。地方の酪農家にNS乳酸菌の使用方法、糞のなかの有用菌を殺さない堆肥のつくり方を伝えれば、地元の農家にその堆肥を供給することができるからだ。今現在、香川県で300頭ほどの牛を飼う酪農家にコンサルティングをしているほか、つながりのある農家から地元の酪農家にアプローチしてもらう手法も考えているという。課題は、影響力のある大規模の酪農家ほどいかに合理的、効率的に牛乳で利益を上げるかを重視しているので、堆肥の機能性、ポテンシャルまで考えないこと。それもあって、農業と酪農の在り方を変えるような革新的なアプローチでありながら、これまでのスピードはまさに牛歩で、僕はもどかしさを感じていたのだけど、藤原の近況を聞いて目が覚めた。

2019年5月、大阪で開催された農業資材EXPO。ここに出展していた藤原に興味を持ち、連絡してきたのは、中国で8万頭の牛を飼っている桁違いに巨大な酪農企業だった。8万頭の牛のエサと糞は、莫大な量になる。もしこの話が決まった時、そこからつくられる大量のスーパー堆肥は、中国の農家にどれだけの驚きをもたらすのか。もしかすると、堆肥から始まる革命は海外で火がつくのかもしれない。

毎年完売！　100グラム1万円の茶葉

標高800メートルの「秘境」

ぜえ、ぜえ、はあ、はあ……。激しい動悸と息切れが止まらない。動悸、息切れといえば「救心」だけど、きっと役には立たないだろう。その時、僕は静岡駅から車で90分ほどの場所にある静岡市葵区玉川の山のなかにいた。

登山道ではない。獣道のように、長年、人が踏み固めてできた道だ。もちろん、舗装されていない。ところどころ、傾斜がきついところには細いロープが張ってあり、それを摑んで体を持ち上げる。日ごろの不摂生がたたり、登り始めてから数分しか経っていないのに、心臓がバクバクと脈打ち、ひざがガクガクする。情けなさを嚙み締めつつ、少し休もうと足を止めたら、数メートル上で、息ひとつ乱れていない小杉佳輝が、苦笑しながら「大丈夫ですか?」と声をかけてくれた。

早くも噴き出す汗をぬぐいながら「はい」と頷くと、彼は両手を腰の後ろで組み、ぴょん、ぴょんと鹿が飛び跳ねるようにして山を登っていく。なんとかその後を追って、およそ15分。獣除けに張られた青いネットをくぐると、そこには日の光を受けてエメラルドグリーンに輝く茶畑が広がっていた。

木々が生い茂った薄暗い山中を歩いてきた僕には、陽光に満ちた別世界に飛び出したように感じた。標高800メートル、俗世から隔絶されたこの場所こそ、100グラム1万円の価格がついている日本一の高級茶「東頭（とうべっとう）」の茶園だ。

背後を振り返ると、茶園が緑濃い山々に囲まれていることがよくわかる。見たこともない風景に、息を切らせながら「……すごい」とつぶやくと、東頭の2代目生産者はさわやかな笑顔で頷いた。

「はい。ここは秘境ですね」

「東頭」誕生のきっかけ

東頭のことを知ったのは、別の仕事で日本茶インストラクターのブレケル・オスカルさんのインタビューをしたことがきっかけだった。スウェーデン人ながら日本茶に魅了されて来日したブレケルさんは、現在、日本茶の伝道師として国内外を駆け巡っている。日本茶に精通するブレケルさんが「今、日本一だと思います」と話していたのが、東頭だった。もちろん、価格のことではなく、味の評価だ。

東頭は、茶師をしていた佳輝の祖父、築地郁美さんとその息子、築地勝美さんが山を切り拓いてつくり始めた。佳輝は勝美さんの甥にあたる。そもそも、築地親子はなぜ人里離れた山のなかで日本茶の生産に踏み切ったのか。築地親子と長い付き合いがあり、1980年代後半、最初に出荷した時から現在に至るまで東頭を取り扱っている原料茶メーカー「葉桐」の葉桐清巳社長は、振り返る。

「言い出したのは、勝美さんです。お茶って季節産業じゃないですか。普通の生産者はシーズンが終わると『やっと終わった』となるところ、彼は根っからの茶師で『もう終わっちゃった、もっといいお茶をつくりたい』と言っていました。それで築地家が所有していた山を茶園にすることになったんです」

この時、勝美さんは山の標高800メートル、南向きの斜面に茶園を作ろうと考えたが、それは常識外れだった。一般的に、茶の樹は標高600メートルを超えるとうまく育たないと言われており、葉桐社長が勝美さんと一緒に静岡県の茶業研究センターに相談に行った時も、「難しい」と言われたという。

葉桐社長によると、勝美さんが研究センターの忠告に耳を傾けなかったのには、ふたつの理由がある。築地家がもともと所有していた茶園は標高350メートル付近にあり、標高800メートルに位置する東頭の茶園とは気温が4、5度も異なる。そうなると茶の樹の生育速度も変わるため、収穫の時期をずらすことができた。その分、じっくりと取り組むことができるというわけだ。

日本一の高級茶が生まれる茶園

同じように標高をずらして茶園を拡げる生産者はほかにもいるが、通常、新しい茶園をつくる時は標高を下げるという。暖かくなればなるほど収穫時期が早くなり、買い取り価格も高くなるからだ。旬を先取りした農作物や魚介類の値段が上がるのと同じ理屈である。

そこであえて収穫が遅くなる800メートルにこだわったのは、もうひとつの理由である「ナンバーワンにして、オンリーワンのお茶を作りたい」という勝美さんの茶師としての想い。冬には雪が降ってマイナス十何度にもなり、昼と夜の寒暖の差も激しく、研究センターが「難しい」という土地だからこそ、他にはないお茶を作ることができると考えたのだ。

「シングルオリジン」の先駆者

ここで築地親子、その甥で後を継いだ佳輝の話を続ける前に、あまり知られていない日本茶の世界について触れよう。勝美さんが「ナンバーワンにして、オンリーワン」のお茶づくりに賭けた背景がわかる。

まず、日本で栽培されているお茶の品種について。なんと75%は「やぶきた」という品種である。普段なにげなく飲まれているお茶のほとんどが、やぶきたなのだ。なぜひとつの品種がここまでシェアを占めているかと言えば、高品質で育てやすいから。

そして、一般的に売られている茶葉は売り物になる過程で均一品質、大量生産、安価提供を実現するために、軒並み「ブレンド」されている。要するに、スーパーやお茶屋さんで棚に並んでいる「○○茶」という商品は、たくさんの生産者から集めた茶葉を混ぜ合わせて作られているのだ。もちろん、ペットボトルのお茶も同様である。世の中にはたくさんの日本茶が売られているけど、シンプルに言えばほぼやぶきたのブレンド茶になる。

この話を聞いた時、「なるほど！」と納得した。僕は日本茶が好きで、いろいろな産地の茶葉を買って飲んできたが、例えばワインのようにハッキリとした差異は感じられなかった。その理由が、「75％を占めるやぶきた」と、「ブレンド」にあったのだ。

このシステムは、お茶の消費量が右肩上がりだった時代に最適化された。全国茶生産団体連合会などの資料によれば、日本茶（緑茶）の消費量はペットボトルの緑茶の需要もあって昭和の時代から伸びており、２００４年には11万６８２３トンを記録している。この量の日本茶を生産するためには、とにかく大量の茶葉が必要だったのだろう。

その流れに逆らうように、少量生産で高品質のお茶をつくり続けてきたのが、築地郁美さん、勝美さんの親子だった。前出の原料茶メーカー「葉桐」の葉桐社長は「私がこの仕事を始めた40年前から、築地さんのお茶の質はほかと明らかに違いました」と語る。築地親子の茶葉は、ほかとブレンドされることなく、独自のブランドで売りに出されていた。近年、ひとつの農園で作られた単一品種の茶葉を「シングルオリジン」と言い表す流れがあるが、築地親子はまさにその走りだったのだ。

１９８０年代、まだ若く働き盛りだった勝美さんは、お茶づくりに没頭していた。たくさん作ってたくさん売るのではなく、自分の限界に挑むようなお茶を作ろうとした。そうして標高800メートルの山地にたどり着いたのだ。

しかし、山を開墾するのは苦難の道のりだった。まだ現役で東頭の茶摘みをしている郁美さんの妻、若子さんは、こう振り返る。

「農協の人にここに植えるといったら、どうだかな？　と言われたね。最初は苦労しただよ。モノラック（機材や人間を運ぶモノレール。山間地で利用される）ができる前は、荷物を全部背負って山に登っていたからね」

一緒に作業をしていた築地勝美さんの妻、美幸さんも頷く。

「本当の山林だったから木を伐採して、切り株を全部外に出してね。岩もあったから、それも運びだして。木を伐採すると山崩れも起こり得るから、その後、水はけをよくするために斜面に岩を敷いてから、土をかぶせてね。最初は土にもなんの養分もないもんだから、牛の堆肥も背負ってあげたしね。あれは開墾というより開拓だったよ（笑）」

1983年頃から、勝美さんを筆頭に築地家総動員で山を切り拓いたが、整地が終わるまでに2、3年かかったという。それからようやく茶の栽培を始めた頃、郁美さんと妻、若子さんの娘、幸代さん（勝美さんの妹）が佳輝を出産。郁美さんが幼い彼をおんぶして山に登り、茶園に連れてくることもあったそうだ。

葉桐社長の記憶によれば、最初に出荷された東頭の茶葉はわずか4キロ。しかし、その香りは他に類を見ないほどシャープで、「忘れられない味だった」という。

徹底して「質」を追求

東頭でお茶づくりを始めてからしばらくして郁美さんが亡くなり、跡を継いだ勝美さんは「ナンバーワンにして、オンリーワン」を目指して、前例にない取り組みを加速させた。
「伯父はお茶の出来の8割は生葉で決まると言っていました。そのために、肥培管理、病害虫の防除を徹底していました。良い葉を作るためには地力が大切なので、肥料はタネ粕、米糠、魚粕、骨粉などを配合した有機肥料を使います。土壌の微生物に影響するので化学肥料は必要以上に使いません。肥料切れしないように、肥料を施す回数も多いです。気候や天候に応じて変わりますが、普通の畑で2回肥料をあげる間に、うちはさらに2回ほど多くあげています」(佳輝)
養分豊かな土地に根を張る茶樹は、冬の厳しい寒さや霜にも耐え、たくましく育つ。そうして春を迎え、青々と葉を茂らせた5月頃に茶摘みの時期を迎える。

現代の茶摘みは、機械化されているところがほとんど。茶園といえば、かまぼこ型の茶の樹がずら一っと並ぶ姿を思い浮かべる方もいるかもしれないが、それは手摘みの10倍以上のスピードを持つ「摘採機」で刈り込まれた後の姿である。しかし、東頭は手摘み。しかも、枝の一本一本、葉の一枚、一枚を目視で確認しながらの作業になる。

「一般的なお茶づくりでは、機械で葉を一気に刈り取ります。手摘みのところも、普通はひとつの木から大きな葉も小さな葉も一緒に摘んでしまう。量目のことだけを考えればそうするほうが良いのですが、うちは生葉の良さを最大限引き出すために、貧弱な葉はそのままにして力強く伸びた葉っぱだけを摘みます。それだけ厳選しているんです」

佳輝が、比べてみてください、と2枚の葉を見せてくれた。大きいほうは摘むべき葉で、小さいほうは残される葉。明らかに葉の艶が違うことがわかった。しかし、4反（約4000平米）ある茶畑で葉を選びながら摘むなんて、想像すると気が遠くなる。

佳輝によると、1反あたりの平均的な茶葉の収穫量は約400キロ。4反あれば1600キロだ。一方、東頭の収穫量は4反で500キロほどと平均の3分の1にも満たない。量ではなく、質を追求していることがわかるだろう。

生葉を摘む「お茶摘みさん」たちに、大変ですよね？　と声をかけると、何人かが「大変だよ！」と声をそろえた。そのなかのひとりが「一枚、一枚選びながら葉を摘む畑なんて、ほかにはないよ」と教えてくれた。

茶園でその年に最初に摘まれた茶葉は「一番茶」「新茶」と呼ばれ、香り高く品質も良いとされる。一番茶が摘まれた後、しばらくすると再び芽が伸び始める。これがある程度伸びたところで摘み取った葉を「二番茶」といい、主にドリンク原料として取り引きされている。その後に「三番茶」、秋頃にその年のシーズン最後の「秋冬番茶」が摘み取られる。

徹底して質の高さにこだわる東頭は、一番茶しか使わない。一番茶を収穫した後には、地面から20～30センチぐらいの高さまで木を切ってしまう。それからまた1年かけて、木を育てるのだ。東頭は「一番茶」のみ。だからこそ希少で、値が張るのである。お茶摘みさんが摘み取った生葉に鼻を寄せると、なんとも品の良い香りを放っていた。

すべては最高の茶葉のために

丁寧に手摘みされた茶葉は、その日のうちに近くの工場に持ち込まれる。ここでも、いわゆる「常識」とは違う作業が行われている。

日本茶は、収穫してからすぐ、新鮮な状態で生葉を蒸す。茶葉に含まれる酸化酵素を失活化させるためだ。これをしないと、すぐに葉の発酵が進んでしまう。ちなみに、茶葉を半発酵させたものがウーロン茶、完全に発酵させたものが紅茶として使用される。

茶葉に少しでも酸化酵素が残っていると、発酵して日本茶としては使い物にならなくなるので、普通は十分に時間をかけて蒸す。

ところが、勝美さんは日本茶業界の常識とはかけ離れた方法を独自に編み出した。

「うちの工場では、生葉に余分な蒸気をかけることで葉の成分が抜け、香りが飛んでしまうと考えています。だから、必要最低限、なるべく短時間で蒸して香りや味を閉じ込める製法をとっています。伯父は生葉が蒸されて出てくるまで12～13秒と言っていましたが、生葉の様子を見ながらやるので多少の前後はありますね。ほかの生産者からしたら、そんなに短くて大丈夫なの？　と思われるかもしれませんが、酸化酵素を失活化させてしまえば、それ以上蒸す必要がないので、いつもギリギリのタイミングを見計らっているのです。これは最も繊細な作業で、ほかの工場では真似できないことだと思います」

「ナンバーワンにして、オンリーワン」を目指した勝美さんの取り組みを聞いて、「すべては最高の茶葉のために」という言葉が浮かんだ。実は、東頭の茶の樹の種類は前述した

「やぶきた」。日本の75％を占める「やぶきた」でありながら、常識を覆すチャレンジの末に、１００グラム1万円の日本茶「東頭」が生まれたのだ。東頭を独占販売する葉桐社長は、こう評価する。

「手間を一切考えず、栽培から製造工程まで、良いお茶をつくるためにできること、考えつくことをすべてやっているのが東頭です。現代のお茶づくりの技術の粋を集めたお茶だと思いますね。私は40年この仕事をしていますが、ここまで徹底的にこだわってつくっているお茶は見たことがありません」

佳輝が茶農家を継いだ理由

東頭のほかにも高品質のお茶をつくり続けた勝美さんは、全国品評会で一等に入選し、中国の国際茶文化研究会からは「中国国際茶文化節茶王賽金奨」を授与され、いつしか「日本一の茶師」と呼ばれるようになった。「日本一の茶師」がつくり上げた茶畑を守りたい。そういう思いで、佳輝は勝美さんの後を継いだ。

「大学は農学部で、肥料や農薬に関するバイオ関係のことを学んでいました。卒業後は地元に戻って農業の関係の仕事に就こうと思って、ＪＡに入ったんです。でも、働き始めてしばらくした頃に、伯父の体調が悪くなって。伯父夫婦には子どもがいないこともあって、伯父は自分ができなくなったらお茶づくりをやめると言っていました」

佳輝には、幼い時、祖父・郁美さんにおぶわれて山を登った記憶がある。モノラックにも乗ったし、茶を蒸す工場で遊んだことも憶えていた。だから、勝美さんの言葉を聞いた時、「思い出の地でもあるこの茶園を残したい」という想いが沸きあがってきた。その想いが覚悟に変わり、6年勤めたＪＡを辞めて２０１３年、茶園を継いだのだった。

ＪＡでは営農担当で、肥料、農薬の成分や効能を茶農家に伝えて、どの時期になにをすれば病気や虫の被害が減るのかをレクチャーしていた。しかし、現場に立つといかに自分が頭でっかちだったかを痛感した。

「例えば肥料でも、収穫する１カ月前、２週間前にこの肥料をやれば効果があるという知識はあります。でも、その年に雨がたくさん降っていたら、肥料の成分が水で流れてしまうし、雨が降らないと肥料を溶かす溶媒がないからぜんぜん効かない。実際に現場でやることと机上論とはかけ離れていました」

知識と現場のギャップに苦しむ佳輝を救ったのは家族、そして勝美さんの前人未到の茶づくりを見てきた葉桐をはじめとした茶問屋やバイヤーだった。

取材当日も、茶園の葉の様子を見て、どのあたりから摘み取りを始めるのか、彼は勝美さんの妻・美幸さんと話し合いながら進めていた。同じ斜面でも、日の当たり具合によって微妙に成長速度が違うのだ。たまたま居合わせた、東頭を取り扱う茶業者さんも、佳輝と「蒸し」の工程についてあれこれと話をしていた。その姿から、関係者全員が東頭の茶園を大切に思っていることが伝わってきた。

「日本一の茶師」の後を継ぐことにプレッシャーはないですか？　と尋ねると、佳輝は一瞬沈黙した後、「はい」と認めた。

「先代がつくってきたお茶があるから、仮に僕が１００％できたとしても、それは先代と同じものにすぎません。やっぱり先代のお茶が一番だよねと言われます。先代を超えるため、自分の名前で日本一にすることを考えると、１２０％、１３０％のことをやっていかないといけない。でも、この素晴らしい環境を残してくれた伯父の恩に報いるためにも、それをやっていかないといけないと思っています」

低迷する日本茶市場のなかで気を吐く

実は先述した２００４年の11万６８２３トンをピークに、日本茶の消費量は減っており、

2017年には8万1328トンになっている。総務省のデータによると、2014年の一世帯当たりの緑茶の購入量と金額は892グラム・4174円で、2005年の1133グラム・5646円と比べて240グラム超、1400円以上も減少している。この消費量と比例するように日本茶の価格も落ちていて、例えば最も価格が高い一番茶は2006年には2626円（1キロ当たり）だったものが、2014年には2201円。

ほかの農業と同じく、日本茶の農家も高齢化によって廃業や耕作放棄地が増えていることもあり、日本茶の栽培面積は2004年の4万9100ヘクタールから2018年には4万1500ヘクタールまで落ち込んだ。

この数字だけを見ると、日本茶を飲む人が減り、価格が下がるという逆風を受けて、後継者不足などの理由から生産者が茶園を手放していることがわかる。

この苦境のなかで、100グラム1万円、日本一の高級茶である「東頭」は毎年6月の発売から数カ月で売り切れるほどの人気を誇っている。東頭の生葉の収穫量は約500キロで、これを売り物の茶葉にする過程で5分の1ほどの容量になる。2018年6月1日、原料茶メーカー「葉桐」は107キロの茶葉を100グラムずつ分けて、1070個の東頭を売りに出した。これが7カ月後の翌年1月には完売。この引き合いの強さは今に始まったことではなく、毎年、同じようなペースで売れているという。

どんな人が、東頭のような超高級茶を購入するのか。僕はなんの根拠もなくお茶が好きな富裕層の高齢者だろうと思っていたが、葉桐社長に安易なイメージを覆された。

「青山の紀ノ国屋など店頭で購入する方は、確かに高齢の方がほとんどです。でも、弊社の直販サイトで購入する方は20代から40代ぐらいの方が多い。お茶を飲むのは高齢者というのは完全に間違いですよ。世代を問わず、ものの価値をわかってくれる人はいるんです」

まちなかで茶葉を売っている、いわゆるお茶屋さんが激減した結果、茶葉を買おうと思ったらスーパーにいくしかなくなった。スーパーに置いてあるのは、どこでも手に入るようなお茶ばかりで選択肢が少ない。

しかし、「美味しいお茶を飲みたい」という若者は消滅したわけではなく、数は減っても一定数いる。そういう人たちは、インターネットで検索する。その時に、東頭の存在を知るのだろう。インターネットで買い物をすることに慣れた若者は、茶葉をインターネットで買うことにも抵抗はない。さまざまな茶葉がネットで販売されているが、そのなかで、かつて日本一と称された茶師が生み出し、２代目に受け継がれている１００グラム１万円のお茶という東頭のブランドは強い。

日本茶は衰退産業とも言われているが、佳輝は日本を代表するシングルオリジン、東頭とともに逆風に立ち向かい続ける。

「東頭の香味は日本茶のなかの日本茶であり、その中でも風格があり唯一無二の存在だと思っています。時代の変化でもっと違う味のお茶を好む人達が増えてくるかもしれないし、ほかの良いお茶を作る生産者が沢山出てきているけど、伯父がそうだったように、僕はこの昔からのやり方を信じ、自分の考え方を貫き通しますよ。そう心に決めましたから」

山からの帰り道、佳輝の好意でモノラックに乗せてもらった僕は、急斜面を下りながら日本茶の未来に思いをはせた。

コーヒー業界では、2000年ごろ、大量生産された安価な豆ではなく、ひとつの農園で丁寧に育てられた質の高い単一品種の豆「シングルオリジン」を求める中小のコーヒーショップが続々と現れ、生産者からその質に見合った対価で仕入れるようになった。それが「サードウェーブ」と呼ばれる大きなうねりとなり、今や日本全国でシングルオリジンのコーヒーが楽しめるようになった。

同じように、日本茶にも低迷する市場を活性化するような変化の波は訪れるのだろうか。

僕には予想がつかないけど、ひとつだけ言えることがある。「日本一の茶師」築地さんのアイデアと、師匠である伯父を超えることを目指す2代目の挑戦は、日本茶再興の大きなヒント、そして指標になるだろう。

岡山の鬼才が生んだ奇跡の国産バナナ

岡山に南国の果樹が

日本人が最もよく食べるフルーツはなにか、ご存じだろうか？　２００４年にみかんを抜いて以来、２０１８年まで14年連続で消費量トップの座を守っているのは、バナナ。総務省統計局の家計調査によると、２０１６〜18年にかけて１世帯（２人以上）で全国平均18キロ超のバナナを食べている。２位のリンゴ（11キロ超）、３位のみかん（10キロ超）を大きく引き離しての、ダントツトップだ。

日本人がこれほど好んで食べているバナナだが、日本で消費されているバナナの99・9％以上が輸入されたものである。２０１８年のバナナ輸入数量は約１００万トンで、フィリピン産がおよそ8割、残りをメキシコ、エクアドル、グアテマラ産などが占める。ほぼ１００％輸入に頼っている理由は、日本の気候。バナナは気温21度以下で生育不良となり、

10度以下になると完全に成長が停止すると言われており、主な生産地も熱帯、亜熱帯地域に分布している。バナナにとって日本は寒すぎるのだ。

もちろん、ビニールハウスで常に21度以上を保てば、日本でも育てられないことはない。しかし、苗から育てて出荷するまでに2年ほどかかり、その間、24時間365日、温度管理するコストを考えると、輸入した方が安い。海外の主な生産地とは日光量など環境条件も異なるため、同じような質のバナナができるかもわからない。そのリスクを背負って商業生産しようという人は皆無だったから、これまでずっと輸入に頼ってきたのだ。

ちなみに、日本が輸入しているバナナはキャベンディッシュという世界的に主流の品種なのだが、現在、新パナマ病という深刻な病害に脅かされている。化学防除が効かず、国連食糧農業機関（FAO）が壊滅的な打撃を与える可能性を指摘するほどだ。

世界の研究機関が抜本的な解決策を探るそのさなかの2018年、約200トンの国産バナナが出荷された。しかも従来の栽培方法ではありえない無農薬、無化学肥料で育てられたもので、なんと栄養価も従来のバナナをはるかに上回る。この国産バナナを生み出したのは、2015年12月に設立された岡山のベンチャー・D&Tファームの取締役技術顧問、田中節三、70歳。田中は農業と科学の常識を覆し、2016年、岡山で栽培した「もんげーバナナ」を世に送り出した。その傍ら、寒さに強いその苗を北海道から九州まで販売し、2019年には10億円の売り上げを見込む。バナナだけで10億を稼ぐ男の話が聞きたくて、僕は羽田から岡山桃太郎空港へ飛んだ。

空港から南にレンタカーを走らせて、1時間ほど。岡山市の郊外、倉敷川のすぐ近くにD&Tファームはある。周囲には水田が広がり、青々とした稲穂が風に揺れていた。しかし、D&Tファームに一歩足を踏み入れると、そこは別世界。敷地内に建てられたビニールハウスのなかでは、バナナだけでなく、パパイヤ、コーヒー、カカオ、アサイーなど日本ではほとんど目にすることのない果樹が盛大に葉を伸ばし、たわわに果実を実らせている。「こんにちは」と迎えてくれた田中も、爽やかな青と白の柄のアロハシャツを着ていて、ドラえもんの「どこでもドア」で南国に足を踏み入れたような気分になった。ちなみに、ここに挙げたバナナ以外の果樹も通常、熱帯、亜熱帯地域で育つ

もんげーバナナと田中氏

ものだ。

それがなんで岡山に？　カギを握るのが、田中が編み出した「凍結解凍覚醒法」。独自の手法で植物の種子や苗を冷凍することで、遺伝子レベルで備わっていた耐寒性を発現させる技術である。大学の教授でも、企業の研究者でも、植物の専門家でもない田中の発明は今、国内外から注目を集めている。

ボルネオ島でもらったヒント

１９４９年、田中は岡山市内で農家を営む両親のもと、４人兄弟の末っ子として生まれた。それから時が経ち、27〜28歳の頃、海運業を手掛けていた田中はボルネオ島にいた。ボルネオ島の石炭を自社の船に満載して、日本で売るというビジネスをしていたのだ。当時、船に石炭を積み終えるのに数日を要した。その間、島をブラブラとするのが、好きだった。

ある日、現地の学者と知り合った。話の流れで、「子どもの頃からバナナが大好きなんだ」と伝えると、その学者は「ここは1万年以上前からバナナを栽培していたと言われている。世界最古の遺跡が残っているんだ」と言いながら、近くの山を指さした。

「あの山を見てごらん。あそこは7000〜8000年ぐらい前まで全部氷床でカチカチに凍っていたんだ」

「え？　そしたら5000年ぐらいは氷床がある状態でバナナを栽培しよったんですか？」

「そういうことです」

この話がどうにも気になった田中は、帰国してから当時の気候について調べた。すると、日中は12〜13度で夜になると零下になっていたことがわかった。明らかに今の日本より寒い。

「そんな環境で原始人が栽培しよったのか。今のほうが暖かいし、現代人の我々に栽培できないわけがない。絶対に日本でもバナナができる」

なんの根拠もなかったが、田中は確信した。一度、気になったことはトコトン突き詰める性格だった青年の試行錯誤が始まった。

まず、小さなビニールハウスを建てて、そのなかでバナナを育て始めた。熱帯の気候を再現しようと、まずは石油ストーブを入れた。これは、一般的な農家でも行われている方法だ。しかし、最初の頃は大きくなるのに、必ず冬になると葉が枯れた。寒さのせいだと思い、ストーブを5台入れてもダメだった。

なぜだ！　田中はハウスのなかでクラクラして頭を抱えた。そして気づいた。自分が一酸化炭素中毒になりかけていることに。調べてみると、植物にも一酸化炭素は毒だった。石油ストーブは近所の人にあげて、次は電気ストーブを一気に導入した。しかし、やはり途中で枯れる。根気強く原因を探ると、遠赤外線によってバナナの細胞が低温やけどを起こしていることがわかった。それなら、と石油ストーブと電気ストーブを並べてみた。すると、ついに冬を越すバナナが現れた。でも、実はならなかった。問題は日光量なのか、なんなのか、当時の田中にはわからなかった。

バナナは苗を植えてから収穫まで2年間かかる。このストーブ作戦だけで、気づけば10年が経っていた。

このままでは埒が明かない。当時、海運業のほかに造船業も始めていた田中は本業でしっかりと利益をあげながらも、いつもバナナのことばかりを考えていた。

そしてある日、気が付いた。

「地球が温暖化して、それに合わせて進化したから、もうすっかり1万年前のバナナじゃなくなっとるんじゃないか？」

もしそうなら、これまでとはまったく違うアプローチが必要になる。さて、どうするか？　と日がな思いを巡らせている時、田中は、以前にたまたま目にしたふたつのニュースを思い出した。ひとつは、シベリアの永久凍土から約1万年前のマンモスの死骸が発掘された時、凍土が溶けて露出したマンモスの身体の一部がオオカミに食べられていたという内容だった。ということは腐敗せず、食べられる状態で冷凍保存されていたことになる。

もうひとつは、2億5000万年ほど前の三畳紀の地層からソテツの化石が日本で発見されたというニュース。驚いたのは、現在の姿となにひとつ変わっていないということだった。人類誕生以前から何度も氷河期に見舞われてきた地球で、生き残ってきたのだ。

「1万年間、氷漬けになっていても食べられるということは、マンモスは氷河期になってあっという間に凍ったんだと考えたんよ。そうじゃないと、肉が腐って分解されるでしょう。植物もカチカチになっても死なずに、生き延びてきた。それだったら、バナナを冷やしてみたらどうなるんだろうと閃いたのよ」

再び、実験が始まった。まず、バナナの苗を冷蔵庫に入れてみた。すると、すべて腐ってしまった。次に、液体窒素を使って急速凍結しようと考えた。バナナには種がない（株分けして苗から栽培する）ので、試しにパパイヤの種子を使うことにした。種なら小さいし、たくさん採れるからだ。液体窒素にパパイヤの種子を入れて急速に凍らせると、零下3度から零下7度の間で細胞のなかの水分が膨張し、細胞膜が壊れることがわかった。

完全に凍らせてはいけない。それなら、零下20度になっても凍らない自動車に使われている不凍液、エチレングリコールに漬けてから一気に冷やしてみたらどうだろう？　これも失敗だった。

ほかにもあれや、これやと試してみたが、すべて失敗。行き詰った時に、たまたま手に取った週刊誌の記事に目が留まった。

「林原生物化学研究所が、移植に使う人間の臓器を凍結しても細胞が壊れんような細胞保護材を開発したと書いてあった。動物の細胞が凍らんということは、植物にも使える。これは奇跡の巡り合わせじゃった」

その細胞保護材とは「トレハロース」。氷点以下の低温環境や砂漠のような乾燥した環境で動植物の細胞を守る働きがあることが知られている。田中はトレハロースを入手し、改めて実験をスタートした。すると、ある濃度でパパイヤの種をつけると零下13度から16度まで温度を下げても凍結せず、水分も膨張しないことがわかった。

一歩前進だ。

しかし、次の壁が立ちはだかった。いったん凍らせた種を常温で解凍してみたところ、すべての種が発芽しなかったのだ。

すぐに、次の一手を打った。急速に冷やしてから解凍してもダメなら、少しずつ温度を下げてみよう。田中は、温度を下げていくスピード＝最適な熱傾斜を割り出す実験を始めようと考えた。そのためには細かな温度設定で、徐々に温度を下げる冷蔵庫が必要になる。1日0・5度ずつ温度を下げられる冷蔵庫が欲しい。ところが、どのメーカーに問いあわせても「そんなものはない」と言われた。

そこで、かつて海外の研究所で量子による自動制御技術の研究をしていた実兄に相談。すると、半年をかけて量子力学とAIを用いて1日に0・5度ずつ温度を下げられる、世界でひとつだけの冷蔵庫を開発してくれた（田中はこれも特許を取るべき発明と考えている）。

これを使い、どれぐらいの時間をかけて凍結させたら発芽するのかを検証するために一気に1000個の種を使って実験を始めた。過酷な環境に適応する種を見つけるためだ。

そしてようやくたどり着いたのが、「180日間」という答えだった。180日かけてじっくり凍らせた1000個の種のうち、ついに20個が自然解凍によって発芽したのだ。

ストーブ実験を始めてからは20年、「バナナを冷やしてみたらどうなるんだろう」と思い立ってから10年の時が経っていた。

田中にこの間、匙を投げようと思ったことはないのかと尋ねると、「わかってないのう」と首を横に振った。

「植物は氷河期も生き抜いてきた、こいつらは本来寒さに強いんだとわかった時点で、できるという確信があるからね。あとは確率と条件の組み合わせの問題。組み合わせが1万あるとしたら、1回失敗するごとに9999、9998……になっとるやないかい。成功に一歩一歩近づいているでしょう。おれは42歳の時に胆のうがんと肝臓がんになったんだ。ステージ4で末期がんだった。その時にわしは一度死んだと思った。だから、治った時にこっから先の人生はより一層好きなことをしようと思った。それが良かったんよ。いつか必ずいける、そういう思いで20年やったんだ」

驚異的な変化

パパイヤの種の発芽は、田中にとって新たな実験の始まりに過ぎなかった。パパイヤで成功した手法をバナナに応用したところ、初めて実をつけた。1987年のことである。それはもしかしたら日本初の快挙だったかもしれないが、理想とは程遠い出来だった。

「その時できたバナナは皮が厚くて、実がかすかすしてスポンジみたいで、ぜんぜん美味しくなかった。急激な気温の変化のなかで生きるか死ぬかの状態だし、現代の気候に慣れていないからそうなるんだ」

細胞を氷河期に合わせてチューニングして目を覚ましたら、現代の温暖な岡山だった。きっとバナナが混乱したのだろう。

そこで、田中は1000本の苗を凍結、解凍して育て、そのなかで最もバナナらしい味がする1本を選んだ。そして、現代の環境に適応するポテンシャルを持つその1本を株分けして、また同じように凍結、解凍して育てるということを繰り返した。すると、どんどん味が良くなっていった。「これは美味い!」というバナナが採れるようになるまでに、さらに10年かかった。

味を追求したこの10年で、バナナに凄まじい変化が起きた。田中のイメージは、こうだ。凍結、解凍された種は世の中が氷河期だと勘違いしている。芽を出した時には、その過酷な環境のなかで生き延びるために、多くのエネルギーを放出する。もちろん実際は現代の気候だが、それに馴染む能力を持つ選び抜かれたバナナだから、現代の環境のなかで氷河期用の莫大なエネルギーを成長に使う。それによって、通常2年で収穫期を迎えるところ、9カ月で収穫が可能になったのだ。

栄養価も、驚異的だ。

「日本食品分析センターの分析結果は、すごいよ。普通のバナナと比較したら、身体の機能向上や働きに欠かせないカリウムは1・5倍以上、抗酸化物質のカロテンは4倍以上、同じく強い抗酸化作用を持つビタミンEも5倍以上。食物繊維も2倍強あって、にんじん1本分（平均2・7グラム）よりも多いんだ」

特筆すべきは、皮に含まれる栄養価である。成長ホルモンの分泌を促進したり免疫力を高めるアルギニン・グルタミン、筋肉のエネルギー代謝や合成などに深くかかわるバリン・ロイシン・イソロイシン、疲労回復や美肌効果もあるアスパラギン酸などが含まれている。

バナナの皮は食べないから、栄養価は関係ないのでは？　と疑問に思う方もいるだろう。その点について、少し触れたい。普段、スーパーでよく見るバナナはフィリピンやエクアドルで作られているキャベンディッシュ種で皮が固く、分厚く、かじると不味い。一方、田中が採用したバナナはグロスミッチェル種というバナナで皮が非常に薄い。しかも、本来は熱帯、亜熱帯地域で育つバナナの病気は気温が低い日本で繁殖しないため、無農薬で栽培できる。覚醒したバナナは生命力が強いため、化学肥料も必要ない。無農薬、無化学肥料のグロスミッチェル種だから、そのままかぶりついて皮の栄養分も摂取することができるのだ。

取材の途中、めちゃくちゃうまいぞ、と言って田中がもんげーバナナを出してくれた。「皮のまま食べてみ」と言われて、一瞬躊躇すると、ニヤリとした田中はムシャリッと音がしそうな勢いで皮にかぶりついた。それを見て、僕も思い切って皮ごと口に入れた。がぶっと噛むと、皮はとても薄くて特に味もないので、バナナ自体の強烈な甘みもあって本当になんの違和感もなく食べることができた。皮をむいて食べればより甘みを強く感じるのだろうが、皮にこれだけの栄養があると知ったら食べない人はいないだろう。

成長速度は2倍以上になり、栄養価も飛び抜けて高くなると書くと、なにか不自然な印象を受けるかもしれないが、遺伝子がもともと持っていながら眠っていた能力が呼び覚まされたというのが田中の主張だ。だから、「覚醒法」と名前を付けた。実際、田中が専門業者に遺伝子解析を依頼したところ、普通のバナナには存在しない「耐寒性」にかかわる遺伝子が362個発見された。

バナナだけで50億円

納得できる味のバナナができてから、さらに10年かけて量産体制を整えた。研究開発に40年。田中は、満を持して2016年、日本初の国産バナナに「もんげーバナナ」と名付けて、1本600円で売りに出した。「もんげー」とは、岡山弁ですごいという意味だ。このバナナは、糖度の高さも売りのひとつ。日本に輸入されるバナナは青い状態で収穫され、エチレンガスと一緒に封入することで熟成させる。裏を返せば、枝についた状態で熟成したバナナではない。もんげーバナナは国産なので、たわわに実った状態のまま完熟させることができる。そのため、輸入バナナの一般的な糖度である15度前後に対して、25度という数字が出るのだ。

「史上初の国産バナナ」だけでも話題性十分のなか、「無農薬、無化学肥料、糖度2倍、栄養抜群、皮まで食べられる」という付加価値のインパクトは抜群だった。すぐにメディアが飛びついたこともあり、最初に売りに出した分は瞬時に売り切れた。次に売った分も、あっという間に売れた。すると、デパートや食品メーカーからも問い合わせが殺到し、引っ張りだこに。2017年には資生堂パーラーの銀座本店サロン・ド・カフェでは「もんげーバナナ」を使ったサンドウィッチが数量限定の1890円（！）で登場し、岡山を拠点に世界各地で店舗を持つ和菓子ブランドの宗家 源 吉兆庵とコラボした「もんげーバナナナぷりん」は12個入5400円で販売されている。

この人気は今も続いており、ついた呼び名は「幻のバナナ」。インターネットや一部のデパートでしか買えず、常に品薄状態のもんげーバナナを日本全国に広めようと、田中はD&Tファームで苗の販売も始めた。1株3万円、1ヘクタール当たり2000株がセット。つまり初期投資として最低6000万円かかるのだが、全国から問い合わせが殺到しており、これまで北海道から東北、中部、北陸、四国、九州全域まで25の生産者に販売した。鹿児島や千葉県成田市の生産者は既に「神バナナ」「チーバなな」として売りに出しており、東京電力福島第1原子力発電所事故で被害を受けた福島県広野町でも、2019年9月から12月にかけて初めての収穫が行われる。栽培している広野町振興公社に問いあわせたところ、2万本を超えるバナナがなる見通しだという。鹿児島や千葉はまだ温暖な印象があるが、東北の福島で育ったバナナが出荷されるなんて、誰も考えもしないことだった。

バナナと苗の販売はどちらも絶好調で、売り上げは右肩上がりだ。2016年には9000万円だったが、2018年には8億8000万円に達し、2019年には10億円超を見込む。2020年までに苗の卸先を100カ所にまで拡大し、売り上げ50億円も視野に捉えているという。

この数字を聞いて、バナナだけで50億円!?　と驚きの声をあげた僕に、田中は苦笑しながらこう言った。

「例えば、プロの漁師は計算するでしょう。燃料代をみながら、今日はこれぐらい取れたら日当が出るとか。だから、無茶はしない。でも魚釣りがものすごく好きな人はね、さっむいお正月の元旦から釣りにいくわけ。マニアだったら、海が荒れとる日なら大物が底から上がってくるかもしれないと思って海にいくわけですよ。釣れなくてもいいわけ、それは趣味だから。わしにとっても、これはいわば趣味です。好きで研究を続けてきたら、シーラカンスが釣れた。そんなもんじゃろ」

——趣味、ですか？

「そう。趣味だから時間制限、予算制限、ノルマもない。好きなときにやって、疲れたら休めばいいし、金がなかったらやめときゃいい。もともと海運、造船の会社を経営していたから誰からも給料もらってないし、補助金ももらってない。自分の金でやってきた」

——どのぐらいお金を使いましたか？

「5、6億はつこうたでしょ。ものを買ったり、検査で人に頼んだりして。若い時には三日三晩、一睡もせずに研究をしたこともある。金にはならなかったけど、好きだから、それぐらいできる。これだ、という答えにたどり着くまでに20年、それから世に出すまでにさらに20年。同じだけ働いたら相当な金になるで。人間てのは面白いもんじゃ」

田中が、趣味で、40年かけて、5、6億円の私財を投じて見つけたまさにシーラカンス級の発見、それが凍結解凍覚醒法だ。特筆すべきは、別の植物にも応用できることだろう。

バナナで凍結解凍覚醒法を確立した田中は、ほかの植物にも試してみた。すると、パパイヤ、マンゴー、コーヒー、カカオ、グアバ、アサイーといった南国の果樹がどれも「覚醒」し、無農薬、無化学肥料で見事な実をつけた。

例えばパパイヤは、南国ではひょろりと伸びた木の上部に固まって実をつける。ところが、覚醒パパイヤは上から下まで太い幹にぎっしりと実をつける。普通のパパイヤの2倍の葉緑素を持っていることもわかった。

マンゴーの芽は、通常ではひとつの種からひとつしか出てこないが、凍結させた種に穴を5つ開けてみたところ、5つの芽が出てきた。それを分割したら5つの苗ができ、それぞれがほかの国産マンゴーとなんの遜色もない実をつけたのである。

コーヒーの実も明らかに変化した。通常は枝に少しずつ固まってできる実が、凍結覚醒したコーヒーの木は、枝にびっしりと豆がついたのである。コーヒーはすでに実験段階を終え、現在は9棟のビニールハウスで、最高級品種として知られるエチオピア起源の希少なコーヒー「ゲイシャ」を本格的に栽培しており、収穫した豆が岡山のコーヒー店などに卸されている。

「一面のコーヒー畑は壮観ですよ。ここで採れた豆で入れたコーヒーは、本当に美味いんです。一度飲みにきてください」

日本のコーヒー販売大手味の素AGFのサイトによると、コーヒーの栽培に適しているのは気温が年平均20度の「コーヒーベルト」と呼ばれる赤道直下の南北回帰線（北緯、南緯それぞれ25度）に囲まれたエリアと書かれていた。そこから大きく外れている岡山で育ったコーヒーがどんな風味なのか、気になって仕方がない。僕はすぐに「行きます！」と答えた。

廃校を農業学校に、永久凍土を農地に

特許も取得している凍結解凍覚醒法について、「自分ひとりがこれを抱えて死んでも、どうにもならん。この技術を世界の人に知ってもらって、つこうてもらうことが一番なん

よ」と話す田中は、日本と世界の農業の在り方を変えようとしている。

18年12月、D&Tファームのグループ会社である幸福産業は、岡山県吉備中央町の旧竹荘中学校の建物を1000万円で購入し、土地を有償で借り受ける契約を町役場と結んだ。その1ヵ月後、田中は町長と並んで会見に臨み、5億5000万円を投じて校舎を定員約300人の研修宿泊施設に改修し、グラウンドには温室を建てて、凍結解凍覚醒法による農業を教える学校を立ち上げると発表した。学習期間は1年で、障がい者と60歳以上の高齢者を対象にしており、2020年春に開校を控える。初年度は県内から各50名、2年目以降は全国から各100名を受け入れる。

観光客向けの収穫体験施設、カフェも併設。もんげーバナナを使ったスイーツや岡山産のコーヒーなどを販売し、観光農園とカフェの収益から学生の入学金、授業料、宿泊費を捻出することで、学生の負担をゼロにした。

「1月に発表してから数日で、1000件を超える応募がありました。障がい者と60歳以上という条件があるのに、20代、30代の若者から『なんとかして入れてほしい』という問い合わせもありましたよ。農業は後継者がいないと言いますが、面白い農業、稼げる農業なら学びたいっていう人も多いんよ。卒業生には耕作放棄地を使って、凍結解凍覚醒法を使った農業をやってほしい。バナナやコーヒーの苗を優先的に卸そうと考えています」

田中は過疎地の廃校を農業学校に転用する事業を拡げる計画で、岡山県内の別の市とも3つの廃校の活用について交渉しているという。この事業が過疎地の活性化と就農人口の拡大、耕作放棄地の利用につながると確信しているからだ。

グローバルでは、2050年までに人口が90億に達し、それだけの食料を生産するための農地が不足するという懸念があるなかで、シベリアの永久凍土を農地に変えようとしている。永久凍土がある広大なエリアも6月から9月の4カ月間は平均気温が20度ほどで、凍結解凍覚醒法なら十分に農業が可能になる。そこに目をつけた。

「シベリアは、日本の平野の数十倍の面積がある。水も豊富だし、永久凍土だから害虫も病原菌もいないだろう。そこに成長速度の速いパパイヤを植えたら、どうなる？　DNAを解析して耐寒性と成長速度をコントロールできるようになれば、小麦だって、米だって植えられるようになる。世界の人口が100億を超えても大丈夫な量の作物ができるんよ。そうしたらこれはもう農業革命だけじゃなくて、人間の生き方が変わる。腹いっぱいもの食べたら、あほなこと考えなくなるじゃろ」

2018年4月、岡山大学のインキュベーションセンター内に田中の研究拠点ができた。

極寒地でも発芽する小麦、米などの穀物を作り出すのがひとつの目的だ。

田中が日本、そして世界で取り組もうとしていることは夢物語だろうか。ひとつだけ確かなことは、これまで世界中の研究者が誰ひとりとして成し遂げられなかった凍結解凍覚醒法を田中がひとりで、趣味で確立したということだ。ちなみに、田中は子どもの頃から字を読むことはできるが書くことが苦手で「小学校にもろくに通っていなかった」という。

D&Tファームのビニールハウスを出たら、たくさんの実をつけたバナナの木の向こう側に水田の稲穂が揺れていた。これまで日本に存在しなかった風景を目の当たりにして、こんな考えが頭に浮かんだ。アメリカでは、ガレージからイノベーションが生まれた。日本発の革命は、昔ながらの田園のなかから起きるのかもしれない。

おわりに

農業に興味がある人がこんなにいるのか！　という新鮮な驚きが、今も忘れられない。

本書に登場する10人のうち7人の記事は、経済メディア「NewsPicks」（以下、ニューズピックス）で2018年9月10日から16日にかけて公開された特集「農業は死なない」に掲載された（本書では大幅に加筆修正している）。ニューズピックスのオリジナル特集は、有料会員しか読むことができない。この特集は自分で企画して編集部に提案したものだったが、お金を払ってニューズピックスの記事を読んでいる人は主に首都圏のビジネスパーソンだろうから、どれぐらいの人が農業の記事を開いてくれるのか、不安もあった。

ところが、ふたを開けてみれば、どの記事にも熱量の高いコメントがたくさんつき、ネガティブなコメントはほぼなし。農業の現状に触れた序章も含む8本の記事で、計498６個のPickがついた（フェイスブックの「いいね！」に相当）。この反響は予想以上で、農業に対する潜在的な関心の高さを感じた。

本書では、特集「農業は死なない」に登場した7人に、別のタイミング、別のメディアで取材した3人を加えた。書籍化にあたってそれぞれにアポを取り、追加取材をしたのだが、その際に改めて農業の奥の深さとポテンシャルを感じた。100年以上前の生産方法を復活させて、さらにアップデートしようとしている人もいれば、最新のテクノロジーで職人技を見える化しようとする人もいる。いい堆肥をつくるために牛の腸内環境を改善する人もいれば、独自の理論で、日本では難しいとされるバナナやコーヒーの栽培に成功した人もいる。全員がバラバラのアプローチをしているが、すべては「いい作物をつくるため」。それを支える人たちもいる。「はじめに」にも記したように日本の農業は衰退が止まらないが、本書に登場する10人のような人たちがいる限り、日本の農業は死なないと確信した。

改めて、この書籍に掲載された記事は経済メディア「NewsPicks」のほか、NEXCO東日本が運営する旅メディア「未知の細道」、中川政七商店が運営する工芸メディア「さんち 工芸と探訪」に掲載されたものを大幅に加筆修正したものです。各メディアの担当編集者、そしてこれらの記事を書籍化に導いてくれた文藝春秋の山本浩貴氏、そして見事な形で世に送り出してくれた文春新書編集長、前島篤志氏に厚く御礼申し上げます。

令和元年8月吉日

稀人ハンター　川内イオ

川内イオ（かわうち　いお）
稀人ハンター、フリーライター。1979年生まれ、千葉県出身。広告代理店勤務を経て、2003年よりフリーライターとして活動開始。2006年バルセロナに移住し、ライターをしながらラテンの生活に浸る。2010年に帰国、編集者としてビジネス誌編集部などで勤務後、2013年より再びフリーランスに。現在は「規格外の稀な人」を追う稀人ハンターとして全国を巡り、多数のメディアに寄稿。仕事と生き方の多様性を伝えることをライフワークとする。

文春新書

1236

農業新時代　ネクストファーマーズの挑戦

2019年10月20日　第1刷発行
2022年1月15日　第5刷発行

著　者　川内イオ
発行者　大松芳男
発行所　株式会社　文藝春秋

〒102-8008　東京都千代田区紀尾井町3-23
電話（03）3265-1211（代表）

印刷所　大日本印刷
製本所　加藤製本

定価はカバーに表示してあります。
万一、落丁・乱丁の場合は小社製作部宛お送り下さい。
送料小社負担でお取替え致します。

ISBN978-4-16-661236-9

◆こころと健康・医学

文春新書のロングセラー

樹木希林
一切なりゆき ～樹木希林のことば
名女優が語り尽くした生と死、家族、女と男…。それはユーモアと洞察に満ちた希林流生き方のエッセンス。百万部のベストセラー
1194

中野信子
サイコパス
クールに犯罪を遂行し、しかも罪悪感はゼロ。そんな「あの人」の脳には隠された秘密があった。最新の脳科学が解き明かす禁断の事実
1094

岩波 明
発達障害
『逃げ恥』の津崎、『風立ちぬ』の堀越、そしてあの人はなぜ「他人の気持ちがわからない」のか？ 第一人者が症例と対策を講義する
1123

近藤 誠
健康診断は受けてはいけない
職場で強制される健診。だが統計的に効果はなく、欧米には存在しない。むしろ過剰な医療介入を生み、寿命を縮めることを明かす
1117

佐藤愛子
それでもこの世は悪くなかった
ロクでもない人生でも、私は幸福だった。「自分でもワケのわからない」佐藤愛子ができ、幸福とは何かを悟るまで。初の語りおろし
1116